走进绿色星球

曾志红　编著

中国纺织出版社有限公司

图书在版编目（CIP）数据

走进绿色星球 / 曾志红编著. --北京：中国纺织
出版社有限公司，2023.10
ISBN 978-7-5229-1123-6

Ⅰ.①走… Ⅱ.①曾… Ⅲ.①植物－普及读物 Ⅳ.
①Q94-49

中国国家版本馆CIP数据核字（2023）第192270号

责任编辑：郭　婷　　责任校对：寇晨晨　　责任印制：储志伟

中国纺织出版社有限公司出版发行
地址：北京市朝阳区百子湾东里A407号楼　邮政编码：100124
销售电话：010—67004422　传真：010—87155801
http://www.c-textilep.com
中国纺织出版社天猫旗舰店
官方微博 http://weibo.com/2119887771
北京通天印刷有限责任公司印刷　各地新华书店经销
2023年10月第1版第1次印刷
开本：710×1000　1/16　印张：9.75
字数：175千字　定价：58.00元

前　言

　　植物这个绿色精灵在地球上已经生活了整整25亿年，它静默地生长着，为整个地球带来了现如今的繁荣。人类对植物世界的探索从未停止过，对植物的合理利用和保护大大促进了人类文明的进步。生物多样性是人类赖以生存和发展的重要基础，一种植物往往伴生着10～30种生物物种，一个物种就是一个基因库，"杂交水稻之父"——袁隆平院士培育的高产优质杂交水稻是利用野生水稻基因资源培育而成。如果生物多样性保护工作不到位，其潜在的基因价值将随着物种的灭绝而消失，这种损失无法估量。

　　本书从揭秘植物界的一些自然现象，激发人们探寻植物界奥秘的好奇心；从中国特有的"活化石"以及作为国家保护的植物入手，激发民族的自豪感及保护植物的责任感和法治意识；从植物形、色、味等审美因素中，让人获得丰富的审美情趣；古老的中华文明蕴含着博大精深的植物文化，2500多年前的《诗经》中记载了130多种植物，本书以自然界的植物为切入点来关注传统文化教育，挖掘植物背后独特的中华智慧，唤起人们对生命价值和高尚人格的追求，有助于我们更加敬畏自然、热爱植物，从而更好地传承古圣先贤倡导的天人合一、人与自然和谐共生等生态思想，进一步强化民族文化自觉、厚植民族文化自信。

　　本书以花卉、园林植物等兼有美化、绿化、净化、香化功能的植物为主，集科学性、艺术性和文化性于一体，涉及传统文化，蕴含着丰富的科学理论、高尚情操、民族精神和爱国情怀等思政元素，是育人和育才有机统一的良好载体，从植物的故事中，培养每个青少年从身边小事做起，植绿、护绿、爱绿，树立保护植物就是保护人类的未来环保意识。

在本书编写的过程中，作者参考了相关书籍、期刊、报纸、百度百科网站等，部分文字、数据和图表引自国内外相关著作以及一些文献资料，在此向各位作者一并表达诚挚的谢意！

本书系莆田学院科普丛书之一，本书的编写得到了中国纺织出版社有限公司和莆田学院科研处的大力支持，在此表示衷心的感谢！

尽管已尽最大努力去完成本书，但是由于作者水平有限，书中不当之处在所难免，敬请广大读者批评指正。

编著者

2023 年 5 月

目 录

第一篇
绿色精灵与我们的衣食住行

一、传统节日中的绿色使者

(一)清明时节

1. 艾

艾草(学名: *Artemisia argyi* Levl. et Van)(图1-1),又叫艾蒿、艾、灸草、艾绒等,菊科艾属植物,多年生草本,环境优良时可长成1~2米的半灌木状,植株因含兰香油精、芸香坩而散发出浓烈的香气,将食物与艾草结合,更别有一番风味,虽带有些许毒素,但少量食用并不影响健康。艾草特殊的香气物质在燃烧后还可成为医疗用具,作熏艾用。《本草纲目》有云:"艾叶苦辛,生温熟热、纯阳之性,能回垂危之阳,通十二经,走三阴,理气血、逐寒湿,暖子宫……以之灸火,能透诸经而除百病。"由此可见艾草在古代就已经被人重视,并用于医学之中了。

"屈原死,遂端午;子推死,遂清明",在端午和清明这两个具有浓厚中国气息的传统节日,艾草便走进了百姓家。挤艾草吃青团,即用艾草洗净后碾碎成汁,以汁液调制便使糯米粉"穿上青衣",包入些许肉沫香菇,也就成了美味的青团,文化的气息就在这青绿色的团子中传承了下去。

图1-1 艾草

2. 柳

柳树(图1-2)是杨柳科柳属植物,是一类植物的总称,"碧玉妆成一树高,万条垂下绿丝绦。不知细叶谁裁出，二月春风似剪刀。"这首古诗传神地描述出它的形象美是在于那曼长披拂的枝条，一年一度长出嫩绿的新叶，丝丝下垂，在春风吹拂中，有着一种迷人的姿态，柳树这种特殊的姿态是因为它无顶芽，而侧芽通常紧贴枝上，而且芽鳞单一。

图1-2　柳树

柳的花期是3～4月，花在叶长出前先开放，或与叶同时开放，但似乎很少有人觉察到它的开花，这可能与它的花没有花被（即我们平时欣赏的五颜六色的花瓣）有关。柳树的花有雄花和雌花之分，花小并以一定的顺序排列成花序，花序直立或斜展。柳树的种子小，多暗褐色，不易察觉，多随风而去，遇水而生。

人们会在清明节做"插柳"一事，传说插柳有驱邪避病的意思。清明时节，春雨绵绵中柳树抽枝，春天的气息似乎就这样一夜之间膨胀至料峭的山间，春寒还未散去之时，清新的感觉就已经迎合着春风拂过。柳树轻柔，却不易折，谐音同"留"，古有折柳赠别之意，意味着依依惜别，寄托着古人对友人的思念与"挽留"之意。"青青一树伤心色，曾入几人离恨中"的诗句借柳树表达依依不舍的离别之情。另外一个寓意与柳极易生长的特性有关，俗话说："无心插柳柳成荫"，用它送友比喻无论漂泊何处都能枝繁叶茂。

柳树种类多，用刚刚发芽的柳枝做勺子，编草帽，其中的乐趣一试便知。古人对于柳树的应用，可谓是多种多样，古书记载：蒲柳即水杨也，枝劲韧可为箭；杞柳生水旁，叶粗而白，木理微赤，可为车毂；取其细条，火逼令柔，可成火折……

（二）端午节

如同清明节这样传统的节日，还有端午节。采草药、悬菖蒲、插艾草、佩香囊、燃苍术，端午自古就和草药有关，其中悬菖蒲是天南星科菖蒲属植物，端午节有把菖蒲叶和艾捆一起插于檐下的习俗，这是中国特有的习惯。

1. 菖蒲

菖蒲（学名：Acorus calamus L.）（图1-3），也叫作白菖蒲、藏菖蒲，多年生草木，根状茎粗壮，叶子绿油油又具有浓郁香气，在水质较好的溪边、沼泽地或水田边常可看见它的身影。它的生命力很强，可制作盆栽观赏，它的叶和花序常被作为插花材料。园林上丛植于湖、塘岸边，或点缀于庭园水景和临水假山一隅，有较高的观赏价值。室内观赏多以水培为主，只要清水不涸，可数十年不枯。

菖蒲含芳香油而使植株有香气，是中国传统文化中防疫驱邪的灵草。端午节有把菖蒲叶和艾捆一起插于檐下的习俗，但与艾草不同的是，菖蒲为中国植物图谱数据库收录的有毒植物，其毒性为全株有毒，根茎毒性较大，口服多量时产生强烈的幻视，所以菖蒲不可入食。

图1-3 菖蒲

2. "午时草"——莆田的端午节习俗

在福建省莆田市，每逢端午节都有不少民俗活动，"初一糕，初二粽，初三螺，初四艾，初五蛋"（有些地方称"初五扒"，即扒龙船），这些活动的目的即在于避毒、驱邪与健身。"初四艾"指的是初四这天，家家在门上插艾叶、菖蒲避邪，也有人认为初四插艾会使人清醒，它所产生的奇特芳香，可驱蚊蝇、虫蚊，净化空气。现代研究表明，悬挂艾叶和燃烧艾叶确实具有杀菌和消毒的作用，这对预防瘟疫流行和防护蚊虫的叮咬有一定的作用，这在医药不发达的古代的确深具意义。

农历五月初五这天活动最多。"初五蛋"指的是初五这天要煮蛋、吃蛋。就是在这天清晨，家家户户采集"午时草"，午时草是人们在端午节那天到野外采集的各种青草。一般不拘泥于某几种，但一定要带有芳香且可入食的草，如艳山姜（俗称：粿叶）、黄荆（别名：埔姜）、蕨类植物等；除了青草，还要采一些带有香气的果树树叶，如枇杷、桃、番石榴、柑橘、柚等；还要有作物，其中有带荚的黄豆植株。中午，"午时草"与鸡蛋或鸭蛋一起煮，味道芳香。人们以煮蛋的汤水洗澡，浴后换上夏令新装，每人再吃上两个香喷喷又呈亮黄色的蛋，即延续了图吉利的习俗，其实也享受了一番美食兼具防病功效，因为这些香草具有芳香、祛湿、消炎杀菌等作用。用午时草沐浴，不仅为了洗去污垢，搞好卫生，更重要的是为了涤除秽气、驱邪，使身体洁净然后才可以祭神。相当于屈原诗中所说的"浴兰汤"。《大戴礼夏小正》中讲道："五月五日，蓄兰为沐浴。"大意是在端午节那天采集香草煎汤沐浴。因为五月是"恶月"，是皮肤病多发季节，洗浴可以驱邪避毒。人们认为经过洗礼，利于消暑清热，可以驱走疟疾，能够安全地度过夏日这个多蚊的季节。莆田至今保留了这一"祛病防疫"的风俗。

能煮出亮黄色的蛋，与一种具有媒染功能的植物——山矾（俗称：蛋草）（图1-4）紧密相关。"江湖南野中，有一小白花，木高数尺，春开极香，野人号为郑花。王荆公尝欲求此花栽，欲作诗而漏其名，予请名山矾。野人采郑花以染黄，不借矾而成色，故名山矾。"山矾具有替代明矾的媒染功能而得此名。山矾（拉丁文学名：*Symplocos sumuntia* Buch.-Ham. ex D. Don）为山矾科、山矾属植物。这是种四季常青的灌木，平时不显山露水，二三月里开花，花开的时候是一树一树地怒放，花朵细小，花数繁多，花瓣洁白，花香四溢，成了早春山林中一道不能忽视的亮色。花后果实累累，大小如豆，生者碧绿，熟者鲜红，花果均具有较高观赏价值。

黄荆（别名：埔姜）（拉丁学名：Vitex negundo L.）（图1-5）是马鞭草科牡荆属，灌木或小乔木；小枝四棱形，掌状复叶，聚伞花序排成圆锥花序式，顶生，花序梗密生灰白色绒毛；花萼片钟状，花冠淡紫色，外有微柔毛，4～6月开花，

7～10月结果。它的花和枝叶可提取芳香油，茎叶治久痢，所以它作为"午时草"的一员，不仅能增香还可祛病。

艳山姜（俗称粿叶）［拉丁文学名：Alpinia zerumbet (Pers.) Burtt. et Smith］（图1-6），姜科山姜属植物，多年生草本植物，株高1～2米。它那宽大的叶具有特殊的香气，人们经常将它垫在蒸笼上蒸米粿、年糕等，使食物不会粘在蒸笼上的同时更带上它那妙不可言的淡淡的香气，在四川泸州以及重庆与贵州部分地区，人们也用艳山姜叶来包裹黄糍粑。公园绿地常见的是艳山姜的园艺栽培种——花叶艳山姜，它宽大的叶片上有金黄色的纵斑纹，色彩绚丽迷人，是一种极好的观叶植物；同时，它的花朵多且有序，花瓣外壁白色、顶端粉红色、内缘黄色且有紫红色纹彩，也是一种美丽的观赏植物。

图1-4　山矾　　　　　　　图1-5　黄荆　　　　　　　图1-6　艳山姜

（三）重阳节——插茱萸

重阳节那天，按照中国的民俗，人们不仅要登高望远，喝菊花酒，还要插山茱萸或戴山茱萸香囊。人们在草木中寄托情思，赋予了这些植物全新的意义，"遥知兄弟登高处，遍插茱萸少一人"这一寄托着思念的千古名句中所说的茱萸是一种双子叶山茱萸属（学名：Cornus）（图1-7）带香的植物，具备杀虫消毒、逐寒祛风的功能。山茱萸雅号"辟邪翁"，也叫茱萸，重阳佩茱萸的习俗在唐代非常流行，人们认为在重阳节插山茱萸与端午节挂艾草和菖蒲一样可以避难消灾。这是因为重阳节前的一段时间，秋雨潮湿，秋热尚未消退，而重阳节过后天气有一段时间回暖，这样的气候条件适宜蚊虫的滋生和蔓延，为了驱病此时必须防蚊虫，而茱萸有小毒，有除虫作用，制作山茱萸香囊辟邪等习俗正是这样来的。所以无论是艾草、菖蒲，还是茱萸，因有特殊香味，才能达到除病辟邪的效果。

图1-7 茱萸

二、万门千户穿新衣，色彩斑斓草本来

现如今人们拥有了色泽艳丽的衣物，也喜好在节日中穿着，这些颜色大多来自工业颜料。中国古代染色用的染料，大都是以天然矿物或植物染料为主，以植物染料的使用最多，取材非常广泛，如树皮、树根、枝叶、果实、果壳；花卉的鲜花、干花、花叶、花果；水果的外皮、果实、果汁，及草本植物、中药、茶叶等很多都可以用来染色。古代将青（即蓝色）、赤、黄、白、黑称为五色植物染料，再将五色混合后得到其他的颜色。国产植物染料通常使用如下几种植物：蓝色——靛蓝；红色——茜草、红花、苏枋（阳媒染）；黄色——栀子、柘黄；紫色——紫草、紫苏；棕褐——薯莨；黑色——五倍子、苏木（单宁铁媒染）。

植物染料的工艺利用，是中国古代染色工艺的主流。自周秦以来的各个时期生产和消费的植物染料数量非常大，除满足中国自己需要外，从明清时期开始大量出口，尤其是用红花制成的胭脂绵输到日本的数量最为可观。

植物染料染的织物，色彩自然、经久不褪，而且无毒无害，不会对人体健康造成任何伤害，甚至具有防虫、抗菌的作用，这是化学染料所不具备的，特别适合于童装、内衣、鞋袜、汽车内饰、箱包、床上用品等。

(一)黄色

1.栀子

栀子(学名: Gardenia jasminoides J. Ellis)(图1-8),别名黄果子、山黄枝、黄栀,是茜草科栀子属植物,为常绿灌木,高0.3～3米,花芳香,通常单朵生于枝顶,花冠白色或乳黄色,高脚碟状。栀子的果实中含有"藏花酸"的黄色素,是一种直接染料,无毒,不用其他媒介就可以染出黄橙色系,即染成的黄色微泛红光。栀子浸液可直接将织物染成鲜黄色,工艺简单,汉代马王堆出土的织物中的黄颜色就是由栀子染成的。栀子染,最早可追溯到西元年前,《汉官仪》记载:"染园出栀、茜,供染御服。"说明作为中国帝王象征的龙袍上华丽的金黄色,也是来自"栀子染"。栀子染,最早可追溯到西元年前,《汉官仪》记载:"染园出栀、茜,供染御服。"说明当时染最高级的服装用栀子。

栀子花的品种有很多,总的分为重瓣和单瓣两大类,单瓣花用于染色,但在其他资料中,并未提及只有单瓣花可用于染色,因此我们平常所认知的栀子花,应该同样具有染色的效果。栀子是秦汉以前应用最广的黄色染料,栀子的果实中含有酮物质栀子黄素,还有藏红花素等,用于染黄的物质为藏红花酸。在古代,用酸来控制栀子染黄的深度,若想得到深黄色,就要增加染液中醋的用量。在山西省山区的部分少数民族,也有用栀子染出黄色的大米,来供奉神灵的习惯。但栀子染黄耐日晒的能力较差,因此自宋以后染黄被槐花部分取代。

图1-8　栀子

2.柘

柘(拉丁文学名: *Maclura tricuspidata* Carrière)桑科柘属植物,落叶灌木或小乔木,高可达4米以上。用柘黄染出的织物在月光下呈泛红光的赭黄色,在烛光下呈现赭红色,其色彩很炫目,所以用柘木汁染的赤黄色自隋唐以来便成为帝王的服色,有诗为证:"闲著五门遥北望,柘黄新帕御床高。"宋代以后皇帝专用的黄袍演变为由柘黄染成。

（二）红色

我国古代将原色的红称为赤色，而称橙红色为红色。古代染赤色最初不是用植物而是用矿物染料，就是用赤铁矿粉末，后来用朱砂（硫化汞），但矿物染色牢度较差，染色织物容易褪色，从周代开始使用茜草等植物替代。

1. 茜草

茜草（学名：Rubia cordifolia L.）（图1-9），茜草科茜草属多年生草质攀缘藤木，根状茎和其节上的须根均呈红色，含有茜素，古时称茹藘、地血，早在商周的时候就已经是主要的红色染料。茜草是一种媒染染料，以明矾为媒染剂，经套染后可以得到从浅红到深红等不同色调。汉代起，我国大规模种植茜草。丝绸经茜草染色后可以得到非常漂亮的红色，在历代文献中也有诸多记载，在出土的大量丝织品文物中，茜草染色占了相当大的比重，但茜草染出的不是正红色而是暗土红色，后世逐渐发明了红花染色技术，得到正红色。

2. 红花

红花（学名：Carthamus tinctorius L.）（图1-10），又叫红蓝花、刺红花，菊科红花属植物，一年生草本，无毒，可用于染出较为持久的正红色，而且可直接在纤维上染色，故在红色染料中占有极为重要的地位。红色曾是隋唐时期的流行色，唐代李中诗中"红花颜色掩千花，任是猩猩血未加"，为我们生动地描绘了红花非同凡响的艳丽效果。古人将带着露水的红花摘回后，经过捣浆，加清水浸渍，就可以成染。另外古人把红花素浸入淀粉中，也可以做胭脂，现如今，红花也用来制作口红。

图1-9　茜草

图1-10　红花

(三) 蓝色

靛蓝色泽浓艳，亮丽而不妖媚，凝重而不失自信，几千年来一直受到人们的喜爱，我国出土的历代织物和民间手工艺品上都可以看到靛蓝朴素优雅的丰采。随着环境保护意识的提高，用蓝草染就的天然植物纤维织物及制成品越来越受到现代人的青睐，成为时尚流行的一个重要部分。我国使用蓝草的历史，最早可追溯到两千多年前的周代，《诗经》中记载的："终朝采蓝，不盈一襜"，说的就是蓝草在空气中氧化，形成具有染色能力的靛蓝。

凡可制取靛青 (即靛蓝) 的植物，均可统称为"蓝草"。在西汉以后，种植蓝草逐渐成为一种专职工作，蓝草一般在小暑前后、白露前后两期采集。最初用于提取靛蓝染料材料的是菘蓝的叶，菘蓝 (学名：Isatisindigotica Fortune) (图 1-11) 是十字花科菘蓝属二年生草本植物，高可达 100 厘米；茎直立，多分枝，植株光滑无毛，基生叶莲座状，长圆形至宽倒披针形，蓝绿色。菘蓝除了可做染料外，它的根 (板蓝根)、叶 (大青叶) 均可入药，有清热解毒、凉血消斑、利咽止痛的功效。

后来人们逐渐发现了蓼蓝等可制靛植物。蓼蓝 [学名：Persicaria tinctoria (Aiton) Spach] (图 1-12) 是蓼科、蓼属一年生草本植物。茎直立，通常分枝，高 50~80 厘米，叶卵形或宽椭圆形，干后呈暗蓝绿色，染色使用部位是叶片，在日本也叫作阿波蓝、吴蓝。

图 1-11　菘蓝　　　　　　　　　图 1-12　蓼蓝

(四) 紫色

紫草 (学名: Lithospermum erythrorhizon Sieb. et Zucc.) (图 1–13) 是紫草科紫草属多年生草本植物，高可达 90 厘米。其根富含紫色物质，李时珍曰："此草花紫根紫，可以染紫，故名。"

在我们平常食用紫葡萄 (图 1–14) 的时候，时常会将葡萄皮弃去，但在古代，葡萄皮是一种常用的紫色染剂，在人们食用完葡萄后，剩下的葡萄皮经过晒制，就能在需要的时候释放出属于自己的深紫色，染上纤维后，就成为金紫色，是一种独特又漂亮的颜色。

图 1–13　紫草

图 1–14　紫葡萄

(五) 黑色

我国自周朝开始采用植物染料染黑，主要采用栎实、橡实、五倍子、柿叶、冬青叶、栗壳、莲子壳、鼠尾叶、乌桕叶等。直到近代才被硫化黑等化学染料替代。

(六) 茶色

我们平常喝的茶，尤其是红茶，也可以用于染色，那种淡淡的茶色有天然做旧的气息，过眼舒适。人们利用植物天然的色泽，为平淡的生活增添了一抹艳丽的色彩。

第二篇
拨开绿色星球的迷雾

一、离离原上草，一岁一枯荣

图 2-1　一年生的百合花地上部分

"离离原上草，一岁一枯荣"说的就是一年生的草本植物，在草本植物中，一年生即在一个生长季节内就可完成从种子发芽、生长、开花、结实至枯萎死亡这样的生活周期，如油菜花、百合花 (图 2-1) 等；二年生草本是第一年生长季 (秋季) 只长根茎叶等营养器官，第二年生长季 (春季) 开花、结实后枯死的植物，如紫云英等；多年生草本是指能生活二年以上的草本植物，如紫花地丁等。

但是草本植物一年生、二年生和多年生的生长习性，有时会随着地理纬度和栽培习惯的变化而变化。例如，蓖麻在北方是一年生的，在南方则是多年生的；有些植物的地下部分是多年生的，如宿根等，而地上部分每年都死亡，第二年春天，新枝从地下部分生长，开花结实，如百合 (图 2-2)；此外，一些植物的地上和地下部分是都是多年生的，开花结实后，地上部分仍然不枯萎，可以多次结实，如万年青 (图 2-3)。

图 2-2　多年生的百合花种球

图 2-3　多年生的万年青

二、"铁树开花"开的是真花吗?

苏铁(学名: Cycas revoluta)(图 2-4～图 2-7),俗称铁树,裸子植物门苏铁科、苏铁属,是最原始的裸子植物之一,曾与恐龙同时称霸地球,被称为"植物活化石"。苏铁起源于古生代的二叠纪,在中生代的三叠纪(距今 2.25 亿年)开始繁荣,侏罗纪(距今 1.9 亿年)进入了鼎盛时期,几乎遍布全球。到了白垩纪(距今 1.36 亿年),被子植物开始繁荣,苏铁则逐渐衰落。到了第四纪(距今 250 万年),冰川来了,北方寒流南侵造成苏铁大量灭绝。然而,由于青藏高原和秦岭等的阻隔,一些苏铁科在四川和云南幸免于难。现存的野生苏铁主要分布在南北半球的热带和亚热带地区,大约有 10 属 110 种,其中分布在我国的有 1 属 10 种,主要在云南、广东、福建、台湾、贵州、湖南、海南等地。恐龙出

图 2-4　苏铁

图 2-5　雄球花

图 2-6　雌球花

图 2-7　种子

没的时代，遍布地球的苏铁都是参天大树，现存作为观赏植物移种的苏铁与它的祖先相比真是又矮又小。

苏铁之所以又被称为"铁树"，的原因有二：一是因为它的木材密度高，入水后像铁一样很快沉入水中；二是因为它的生长发育过程需要大量的铁。铁树生长缓慢，从幼苗至开花需十几年甚至几十年，花期可以持续一个月以上。俗话说"铁树开花，哑人说话"，可想而知，铁树开花是一件非常难得的事。事实上，铁树是一种热带植物，喜欢温暖潮湿的气候，不耐寒冷，在热带及亚热带地区，如果条件适合，达到一定树龄的铁树可以每年都开花；如果把它被移植到北方种植，由于气候低温干燥，生长会非常缓慢，开花也就变得比较稀少了。由此看来，"千年铁树开了花"这句古谚语想必是出自我国北方。

但是作为裸子植物的苏铁所开的花只是球花，与被子植物真正的花不同：它没有真正的花所具有的包含子房、花柱和柱头的雌蕊；也没有花丝、花药构成的雄蕊，更没有一朵完整的花所具备的花被等结构。铁树的花是由孢子叶聚合成球果状的球花，雄铁树的花是圆柱形的，雌铁树的花是半球状的，很容易辨认。雄球花又称小孢子叶球，由小孢子叶（雄蕊）聚合而成，每个小孢子叶下有与生殖有关的小孢子母细胞（类似花粉母细胞），经减数分裂产生小孢子即雄性生殖细胞。雌球花又称为大孢子叶球，由大孢子叶（心皮）丛生或聚生而成，大孢子叶的腹面近轴面生有一至多个裸露的胚珠，胚珠中蕴含雌性生殖细胞。

三、向日葵真的会跟着太阳转？

向日葵究竟向不向日？答案是：要看处于什么生长阶段，笼统地说向日葵"常朝着太阳"，是不准确的。

从发芽到花盘盛开之前，向日葵确实是跟着太阳转，"向日"的原因不单单是光照，还与重力因素密切相关。清晨，当第一道曙光从东边升起时，向日葵的东侧由于阳光照射，导致处于快速生长期的幼茎顶部在向光（东）和背光（西）生长素分布不均匀，结果背光侧生长快于向光侧，即向日葵茎顶部（花盘）早晨向东弯曲。随着太阳在空中的移动，光线的方向发生了变化，花盘不断变化，中午直立，下午向西弯曲，这些都表现为茎顶生长的向光性。然而，花盘在白天从东向西追随太阳并不是立即跟随的，植物学家测量，花盘的指向落后于太阳约 12° 即 48 分钟。太阳落山后，向日葵处于黑暗的环境中，此时由光照导致植物生长素分布不均匀的现象消失，而重力对生长的影响由白天时的次要地位转变为主导地位，茎的向地侧生长比背地侧快，结果使白天弯曲的植物在夜间挺直，这是向日葵和其他植物一样对重力的自然反应。凌晨 3 点左右，向日葵再次面向东方，等待太阳升起……日复一日，直到花盘盛开，它不再向日转，而是固定向东。随着向日葵花盘的增大，向日葵早上向东弯曲，中午直立，下午向西弯曲，夜间直立……这些周而复始的向日现象逐渐停止，花盘除了越来越明显的垂头，方向不再改变。向日葵不再"向日"有两个原因：一是花盘重力增加；二是成熟期临近，茎老化不再年轻，生长素含量少，木栓层形成，抑制转向。

为什么花盘在转向受到抑制后最终面向东方而不是向上或其他方向？这可能是自然选择的结果，这样的朝向有利于向日葵的繁殖。向日葵花粉怕高温，若温度高于 30℃就会灼伤花粉，所以固定在东方，可以避免中午阳光直射，减少辐射量；同时面向东方的花盘一大早就暴露在阳光下，这有助于花中夜间凝结的露水干燥，减少霉菌入侵的可能性；特别在寒冷的早晨，向日葵的花在阳光下变成了一个温暖的窝，可以吸引昆虫逗留在那里从而帮助传粉。

四、大树晴天下雨

晴天烈日下，一些大树下却下起了"毛毛细雨"，一旦走出树荫，"雨"就停了，这种"大树晴天下雨"的奇观着实令人费解。会晴天下雨的大树一般是因为那个地方的地下水较多，大树吸收的水会以水蒸气的形式散发出来，而该树树冠大而密，树荫下温度明显较低，水蒸气在一定的温度下会凝结成为水往下滴落，造成所谓"大树晴天下雨"的现象，而且太阳越大水蒸气散发的越多，大树下的"雨"会越大。

五、植物的根一定向下长吗?

植物的根不是全部都向下生长,有些植物的根会横向匍匐生长,比如竹子的根就是横向生长的,甚至整片竹林都是依靠同一个根系存活。还有些根会向上冒出地面,露出地面的根叫作呼吸根,比如生长在沼泽地区的一些植物,有红树、落羽松和水龙,它们为了克服土壤中缺氧的情况,就会长出这样的根系。但是大多数植物的根是向下生长的,这是因为根的向重力性生长运动的结果。

高等植物的运动不能像动物那样自由地移动整个身体位置,只是部分器官在空间中的位置和方向的变化。向性运动是指由植物在外部环境中的单向刺激引起的定向生长运动。这是一个不可逆转的运动过程,主要是由不均匀生长引起的。根据刺激的类型不同,可分为向光性、向重力性、向水性和向化性。向重力性是植物在重力影响下,保持一定方向生长的特性。目前,对向地性的研究已发展成为一门新兴学科——重力植物生理学,它阐明了地球重力在生物进化进程中的作用。向重力性分为向地性、背地性和横向重力性。我们从无土栽培的方式或倒放着的花盆可以看出(图2-8、图2-9),根的生长方向是垂直向地的,而茎是向上生长的(即背地),这正是由于根的正向重力性和茎的负向重力性都是植物受重力影响导致体内激素的分布不同而产生的生长运动。根的向

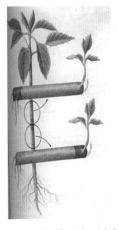

图2-8 根的正向重力性

图2-9 茎的负向重力性

地生长是因为根冠这个感受重力的部位，它处于根尖的最外层，有感觉重力的细胞器如淀粉粒，常称平衡石，其沉积往往与感觉重力的变化呈正相关，若摘除根冠或移植根冠，根会失去或恢复顺应重力的特性。

六、植物的感性运动

(一) 它会看时钟吗？ ——孔雀竹芋的昼夜运动

植物体受到不定向的外界刺激而引起的局部运动，称为感性运动，许多花朵和复叶都有昼夜周期性开闭的现象，由于夜晚的到来，光照和温度改变的刺激而引起运动，有些植物的叶片或花瓣一到夜晚就会合拢起来，白天又张开舒展开来，这种现象为感夜运动 (图 2-10)。孔雀竹芋花叶的昼夜周期性开闭的运动，与植物的生长无关，是由于细胞膨压变化而引起的非生长性运动。

图 2-10　孔雀竹芋的感夜运动

(二) 含羞草会害羞吗？

含羞草 (学名：Mimosa pudica L.) (图 2-11) 的叶子很独特，如果受到外界碰触就会会立即合拢起来，被人们形象地比喻成含羞的姑娘。含羞草受到碰触时，把自己藏起来，羽片和小叶触碰后会闭合然后下垂，而且遇到触碰或触动的力量越大，合得越快，整个叶子都会垂下，像有气无力的样子，整个动作在几秒钟就完成。

当然，含羞草的反应并不是因为害羞，而是因为它的叶柄基部和小叶基部

都有一个相对膨大的结构，这个特殊的结构称为叶枕。叶枕对刺激最敏感。一旦叶子被触碰，小叶基部叶枕立即会感受到刺激，导致两片小叶闭合；如果触动力大一点，则刺激不仅传递到小叶的叶枕，而且很快传递到叶柄基部的叶枕，整个叶柄就会下垂。

为何会这样？这是因为叶枕中心有一个大的维管束，它的周围有许多细胞间隙大的薄壁组织。当振动传递到叶枕时，叶枕上半部薄壁细胞中的细胞液排出到细胞间隙中，降低叶枕上半部细胞的膨胀压力，下半部薄壁细胞间隙仍保持原有的膨胀压力，导致两个小叶闭合，甚至整个叶下垂。研究表明，含羞草在受到刺激后 0.08 秒内，叶子就会闭合。受刺激后，传导速度很快，最高速度为 10 厘米 / 秒。刺激后一段时间，一切都慢慢恢复正常，小叶又展开了，叶柄也竖起了，恢复时间一般为 5～10 分钟。如果我们继续不断逗弄和刺激它的叶子，它不再有任何反应，这是叶子对这种刺激产生"厌倦"了吗？当然不是。而是因为叶枕细胞中的细胞液因持续刺激而流失，无法及时补充。

奇妙的是，当含羞草被触摸时，开合速度可以预测晴雨天气的变化：如果你用手触摸它，它的叶子闭合迅速而打开时很慢，这意味着天气会变得晴朗；相反的，若是叶子闭合和下垂都很缓慢，但重新展开的速度很快，甚至刚关闭就重新打开，这意味着天气将从晴天变成阴天或即将下雨。

图 2-11　含羞草

七、韭黄比韭菜营养价值高吗？

按照传统方法种植的韭菜出土后会得到充分的阳光照射，光合作用会使韭菜叶变成绿色（图2-12）。随着现代农业科技的发展，韭黄是在温室或塑料温室的避阳处采用另类栽培方法生产的，即使用培土、覆盖草帘等方法，绿色的韭菜生长到一定程度后遮光，由于缺乏光合作用，韭菜叶呈黄色，称为黄韭或韭黄（图2-13）。

图2-12　韭菜　　　　　　　图2-13　韭黄

有人认为韭黄是高科技辅助下韭菜的"升级产品"，其营养价值应该高于韭菜，但事实并非如此。经检测，韭菜中矿物质和维生素的含量高于韭黄，差异较大的是钙、铁、磷、维生素A的含量，韭菜是韭黄的三四倍；但蛋白质、脂肪和糖的含量基本相似。

光与植物的生长息息相关，由光所控制的植物生长、发育、分化的过程叫光形态建成，也称为光控发育或光范型作用。韭菜是在阳光下生长，充分吸收了阳光的滋润，所以，叶绿素比较丰富，叶子也更绿。而韭黄是在不见阳光的暗处生长，没有叶绿素产生，所以显示出黄颜色。光促进组织分化，黑暗中的幼苗呈现典型的黄化现象：茎细长柔弱，节间长，机械组织不发达，叶片小，

叶绿素缺乏，整株呈黄白色；根系发育不良。由于光对植物形态建成的影响，只需要短时间、较弱的光照强度，因此植物形态建成对光的要求是一种"低能反应"。

八、植物有血型吗？

血型是指血液中红细胞膜表面分子结构的类型，我们知道人类有这样的血型物质，那么自然界中的植物也有吗？答案是肯定的。原来，植物和动物一样具有体液循环，通过体液循环给组织细胞运来营养物质，将组织细胞产生的废物排出体外。体液细胞膜表面也有不同的分子结构类型，这就是植物也有血型的秘密。"植物血型"确切地说是"植物体液型"，它是由体液中某些细胞的外膜结构差异决定的，它是一种带糖基的蛋白质或多糖链，或称凝集素。有些植物的糖基与人体内的血型糖基相似，植物的血型类别就是由不同的血型糖决定的。人体血型鉴定，即用抗体鉴定人体内是否有特殊糖，那么植物的血型该如何鉴定呢？鉴定植物血型的方法是利用人体或动物血液分离的抗体，然后观察抗体与植物汁液的反应，从而判断植物血型。

人类"ABO"血型系统分为4种类型，即A型、B型、AB型和O型，目前已知植物具有O型、B型和AB型三种"血型"，但A型植物尚未发现。萝卜、辣椒、海带、芜菁、葡萄、西瓜、苹果、梨、草莓、南天竹、辛夷、山茶、山枫、卫矛等是O型植物；李子、荞麦、胡椒粉、金银花等是AB型植物；大黄杨木、罗汉松、珊瑚树、扶劳藤、枝状藻类等是B型植物。有趣的是，即使是同一物种的植物，血型物质也不相同，如枫树有两种血型：O型和AB型，不同血型的枫树到秋天会有不同的表现，O型的叶子变红，AB型的叶子变黄。对血型物质的作用的研究尚无定论，有的认为血型物质起一种信号作用；有的认为具有储存能量的作用；有的认为植物的血型物质还承担着保护植物体的任务……

植物血型的发现具有重要的科学意义和实用价值。植物血型的差异对植物的分类非常有帮助，为未来的植物分类和杂交繁殖展示了新的前景。迄今为止，对植物血型的探索才刚刚开始，为什么植物体内含有血型物质、该物质对植物本身的有何意义，这些尚未完全阐明，有待于进一步研究和探索。

九、植物也有心灵感应

人有喜怒哀乐，动物也可以用简单的表情和动作来表达自己的情感，那植物会有喜怒哀乐的情绪表达吗？科学家们通过实验惊喜地发现：与正常没听音乐的作物相比，听音乐的作物不仅生长更快还能结出更多更大的果实；尝试用微电波将植物对外界的感应导出，则发现茄子缺水时会发出微弱的呻吟声；如果你突然呵斥责骂植物，它会发出受到惊吓的气息……

近年来，美国纽约植物学家柏克斯德博士通过现代技术发现植物另一种"特异功能"：植物附近若发生凶杀案，植物会用"感觉器官"记录凶杀的整个过程，成为一个鲜为人知的现场"目击者"。这位精通"植物语言"的专家，多年来用微波记录植物的感知，记录并反复测试这种无线电波，从而研究植物感知的内容和规律，这项研究成果让我们大开眼界。

研究人员还发现在植物与人的互动试验中，植物能极为敏感地接收人类的情绪反应。然而，不同的植物对人类情绪有不同的反应程度和方式：有些反应快，有些反应慢；有些可以做出明确的反应，有些则不是很明显。即使是同一植物的不同叶子也可能反应不同，彰显各自的特点和独特的个性。此外，植物对外界的应答似乎有它的活跃期和沉静期，通常只有在某些时候才能做出充分的反应，而在其他时候则表现出"爱答不理"的样子。在同植物进行感情交流时，若对植物表示不满意，会伤害了植物的"感情"，它将在较长的一段时间对任何刺激都不再有反应，维持沉寂状态。也曾有试验表明，两株同样的植物在同等条件下，一株不断得到赞美，另一株不断被诅咒，结果一段时间后，被骂的那株枯萎死亡了，被赞美的那株依旧鲜活。

根据"植物语言"及"情绪反应"研究所取得的成果，我们可以大胆预测，在不久的将来，植物更多的喜怒哀乐和感知的奥秘将被逐步揭开，并将应用于农业生产、经济建设和科研服务，造福全人类。

十、跳舞草为何会跳舞？

跳舞草中文名为舞草〔学名：*Codariocalyx motorius*（Houtt.）Ohashi〕，也叫钟萼豆，为多年生豆科木本植物，小叶灌木，它的侧生小叶可以随着温度、光照和声波的变化而旋转舞动，因此得名。

不同于一般观赏植物，跳舞草可是自然界当中唯一一种会对声音产生反应的植物。跳舞草的叶片两侧有许多线性小叶，因而对声波十分敏感。在阳光的照射下，如果气温不低于22℃，此时受到声波的刺激，那么跳舞草很容易连续不断地上下摆动枝叶，宛若翩翩起舞的曼妙少女。跳舞草起舞受到温度、阳光和一定节奏、节律、强度下声波感应的影响，我们可以欣赏其随着环境变化而自由舞动的美好形态，具有独特的趣味，具有很高的观赏价值，现已被广泛应用于园艺设计，同时也是盆景制作的优良选择。

不过，跳舞草"闻声起舞"的机制仍是一个未解之谜，还有待于进一步的研究和探索。

十一、冬小麦在春天播种不能开花结实吗？

由于小麦播种期不同，可分为"春小麦"和"冬小麦"。"冬小麦"是秋冬播种的所有小麦的统称；"春小麦"则是春季播种未经冬季低温而当年收获的小麦的统称。但是只有一字之差的春小麦和春性小麦、冬小麦和冬性小麦是两个不同的概念，前者是指播种期，后者是针对指小麦生长发育温度条件反应而言的。如果冬性小麦在春季播种，则不能抽穗，因为冬性小麦必须经过低温春化，也就是说出苗时必须经过一段时间一定的低温，小麦才能正常进行穗分化，抽穗结实；冬性小麦春播会因为春季温度不够低，不能进行低温春化，故不能结实。春性小麦进行秋播或冬播必须掌握好时机，否则，有时会出现拔节以至不能安全越冬的现象。

所以小麦春播能否结实，具体要看其是哪个春化阶段类型的品种：

（1）春性品种。春化阶段的适宜温度为5～20℃，经历5～15天。未经春化处理的种子春播表现正常抽穗。

（2）弱（半）冬性品种。春化阶段适宜温度为0～7℃，经历15～35天。未经春化处理的种子春播表现为不抽穗、抽穗延迟或抽穗不齐。

（3）冬性品种。春化阶段的适宜温度为0～3℃，经历35天以上。未经春化处理的种子春播表现为不抽穗。

综合上述，冬小麦仅是因为播种期原因，才称为冬小麦，能不能开花结实，具体要看其品种特性。冬小麦如果是春性或弱冬性品种，春天播种基本可以正常开花结实，如果是冬性品种，则不能。

十二、果树"大小年"现象

大小年是植物的正常生理现象，如果树某一年结果特多，来年结果很少或几乎不结果的现象，称为果树的大小年。果树"大小年"现象与没有调整好营养生长与生殖生长的关系有关：①依存关系：营养器官→生殖器官（养料）；生殖器官→激素类，影响营养器官。②制约关系：营养生长过旺，会影响生殖器官的生长发育；而生殖器官的生长也会抑制营养器官的生长，这是由于花和果是生长中心，对营养物质竞争力过大。

对大多数果树来说，大小年的直接原因之一是大量的结果抑制了花芽的形成。过去对这一现象的解释是，大年时大量果实的生长发育消耗了大量的养分，因此没有足够的养分供第二年花芽形成。然而，随着对内源激素认识的加深，许多证据表明，正在发育的种子产生了抑制花芽繁殖的激素，主要是赤霉素，这也是形成大小年的原因之一。但是无籽苹果没有种子为何也有这种抑制作用呢？在无籽苹果结果的短果枝一般不能在当年（新年）形成花芽，但经过能拮抗阿霉素作用的药物处理后，可以形成花芽，经研究发现这些无籽苹果的花就能扩散出大量赤霉素，因此花和种子生成的赤霉素抑制成花理论，从一个方面解释了苹果等果树大小年结果现象。大小年的出现也与果树的生长环境和栽培

管理条件有关。在适宜的环境条件下，大小年的表现较轻，反之则重。花期气象条件不利，冬季低温或春季晚霜导致花芽损失严重；幼果生长期低温或高温、干旱、涝、病虫害导致大量果树或落叶，这些原因均能使果树生长成小年。相反，如果某一年的气象条件特别有利于花芽的形成和次年春天的坐果，也可以形成大年。在大年时，严格疏花疏果，控制产量，可以克服果树大小年结果现象。还可以借助以下措施克服大小年现象：

1. 果树品种要选好

选择优良的品种。一个好的品种可以为果实增产、提高品质带来突破性的效果，当然对避免果树大小年也是非常有利的措施之一。

2. 合理的水分管理

果树的生长需要一个良好的土壤水分状态。因此在干旱时期要及时灌水，雨后及时排水，减少土壤的干湿差。为其生长提供充足而不过度的水分。

3. 合理修剪

大年时，果树结果母枝过多，营养枝过少，应适量重剪、疏剪、短截一部分结果母枝，促发新梢；小年时，可以在小年开始的春节轻剪保花，只疏剪细弱枝、内堂枝、交叉枝、枯枝、病虫枝。

4. 合理施肥

根据果树长势，在果树大年时速效复合肥料用量相对小年减少一些，适当增施有机肥的用量，搭配微生物菌剂使用，改良土壤。

5. 调整负载量

在大年花芽孕育之前进行疏花疏果，这一措施可以减小抑制种子花芽分化的物质，又可以有效调整果树叶片和果实的比例。

6. 病虫害防治

贯彻"预防为主、综合防治"的质保方针，采用农业防治、物理防治、生物防治技术相结合，确保产品质量安全的同时，保护了果树良好的生长环境，避免因病虫害导致减产的现象发生。

十三、一品红为什么在圣诞节前后开放？

一品红 (学名：*Euphorbia pulcherrima* Willd. et Kl.)（图 2-14）属大戟科大戟属的灌木，即没有明显主干的木本植物，植株一般比较矮小，高度在 1~3 米，从近地面的地方就开始丛生出横生的枝干，叶呈提琴状，枝条很长，每枝开一花。那些被人认为是花朵的红色部分其实是叶，十多块苞片形成一个散开的花苞，它中间一粒粒圆形的绿色花蕊才是真正的花。一品红刚巧在每年的圣诞节前后开放，西方国家就叫它"圣诞花"，是著名的在圣诞节期间用来摆设的红色花卉。一品红是代表圣诞节的最佳花朵，红而大的叶子，一副喜气洋洋的模样，好像正握着双手向人道贺似的。我国老百姓则称它为"老来娇""猩猩木"，通常从 11 月至翌年 3 月都是它开花的季节，常把周围的时空装点得大红大绿，丽若丹霞，特别是在寒冷的冬季，大红色更是让人瞧了心生暖意。因此，圣诞前后开花的一品红，因其喜庆的模样深受人们的喜爱，往屋内摆上几盆一品红，仿佛身在温暖的火炉旁一般。

图 2-14　一品红

在花色方面，人们认为它既然叫作一品红，当然应该就只有红色一种了。其实不然，在它的家族里，曾先后出现过其他花色，专家们就分别冠以不同名字。诸如开白花的叫"一品白"，开黄花的叫"一品黄"，开宫粉色的叫"一品

粉"，还有更稀奇的是一花同时出现红白或红黄双色的，则称它为"一品杂"了。近年来，大概潮流时兴迷你型品种之故，在市场上又涌现出一种微型的一品红，每棵如鸡蛋大小，可种在一个茶杯大的小盆里，外面再套上一个玻璃瓶，很适宜摆在案上或窗前，显得格外奇特和精致。

一品红为什么会在圣诞节前后开花，这是因为受光周期影响，即植物对昼夜相对长度的变化发生反应的现象。一品红属于短日照植物，对一天中日照长度有最高极限要求，日照超过此极限则不能开花，适当缩短可促进开花。所以在圣诞节前后其实已过了冬至时节，昼长夜短，符合其短日照开花要求，若想使一品红提前开花可人为干扰其日照时长。

十四、什么是真正的红木？

所谓"红木"，从一开始就不是某一特定树种的家具，而是明清以来对稀有硬木优质家具的统称。根据国家标准，"红木"的范围确定为5属8类，29个主要品种。用材包括花梨木、酸枝木、紫檀木等，它们不同程度呈现黄红色或紫红色。并且红木是指这5属8类木料的心材，心材是指树木的中心、无生活细胞的部分。除此之外的木材制作的家具都不能称为红木家具（表2-1）。自古以来，有关木质材料优劣的判断和识别，惯以木材的大小和曲直，木质的硬度和重量，木色的品相和纹理，木性的坚韧和细密，纤维的粗细或松紧以及是否防腐、防蛀等为标准。红木因生长缓慢、材质坚硬、生长期都在几百年以上，原产于我国南部的很多红木，早在明、清时期就被砍伐得所剩无几，如今的红木，大多是产于东南亚、非洲，我国广东、云南有培育栽培和引种栽培。

红木也有新、老之分，两者的品质、价格等差距非常大。那究竟怎样的红木才能称为老红木呢？顾名思义，老红木是经历了很长时间的红木，《中华人民共和国红木国家标准》（GB/T 18107—2017）中称其为酸枝，主要产于老挝、泰国等东南亚国家。清末民初，我国广西、云南等地也有酸枝，但民国后已完全消失。当今所谓的老红木一般是指清代中期从南洋进口的红木。老红木一般需要生长500多年才能使用，它的材幅大，棕眼细长，质地坚硬细腻，比重介于紫檀和黄花梨之间，可沉入水中。与其他木材最明显的不同是，它的木纹在深红色中往往夹杂着深棕色或黑色条纹，给人一种古色古香的感觉。

表 2-1　红木的种类及其他材色

科		属	类	心材材色
豆科	蝶形花亚科	紫檀属	紫檀木类	紫红色转黑紫色
			花梨木类	红褐色至紫色，常带深色条纹
		黄檀属	香枝木类	辛辣香气浓郁，材色红褐色
			黑酸木类	黑紫色，常带黑色条纹
			红酸木类	红褐色至紫红色
		崖豆属	鸡翅木类	黑色，弦面有鸡翅花纹
	苏木亚科	铁刀木属		
柿树科		柿树属	乌木类	黑褐或乌黑色，间有浅色条纹
			条纹乌木类	黑色

老红木区别于新红木体现在：老红木颜色较深，多为紫红色，有些色彩与紫檀相似但颜色较浅；质地细腻；棕眼明显低于新酸枝木；密度和手感极佳。新红木一般颜色黄赤，木纹、色彩与老红木相比有一种"嫩"的感觉，质地、手感均不如老红木。用老红木制作家具的后道工序只需擦蜡，不能使用普通木材的做法——用漆，因为老红木饱含蜡质，只需打磨擦蜡，即可平整润滑，光泽耐久，给人一种淳厚的含蓄美，如果采用现代的擦漆工艺，恰恰掩盖了其木质的优良本性。若老红木用漆来处理，容易给商家将其他红酸枝类木材掺杂其中的造假机会。

为什么会有如此大的差别呢？原来，老红木不只是生长了很长时间，而且在数百年的生长过程中经历了被砍伐等种种生命的考验，木材的生命并没有因为岁月的洗涤而结束，其内部的微妙结构一直在改变，只是这些改变人们难以觉察。随着时间的推移，红木的内部结构会变得越来越紧密，硬度和比重会越来越高，入水即沉，抗变形能力也会更强。由于老红木的许多性能近似于紫檀，如富含蜡质、紫红色泽等，所以在明清时期老红木和黄花梨、紫檀被列为宫廷专用木材。新红木一般通过烘烤来满足使用要求，但这种人为处理技术无法产

生像自然岁月沉淀下木材内部结构的改变，使得它在日后长期的使用过程中，往往会产生细微的变形，从而影响收藏价值和质量。

原木中材质最好的部位是心材，心材是指在生活的树木中已不含生活细胞的中心部分，无输导树液与贮藏营养物质的功能；其主要对整株植物起到支持作用。心材色泽深，薄壁细胞死亡，防腐力强以及具有侵填体；由边材逐渐转化形成，时间由3～30年不等；因常着色而与周缘部分有别，心材一般也称为红色材，材质稳定，不易变形、虫蛀、腐朽，因此红木家具的用材主要为心材。

边材俗称"白皮"，是相对于"心材"而言的，即树木心材之外树皮以内的部分，材色较浅，水分较多，容易蛀虫、腐朽，是原木中材质较差的部位；但是渗透性较佳，易于涂装作色。因边材容易蛀虫、腐朽，所以家具的榫卯结构、承重部位和家具表面不能用边材，否则容易开裂、变形、剥落。

十五、独木怎么成林？

独木怎么成林呢？榕树能创造出这样的美妙景观。榕树（学名：*Ficus microcarpa* L. f.）（图2-15）是一种寿命长、生长快、侧枝和侧根都非常发达的树种，大乔木，高达15～25米，胸径达50厘米，树冠广展。老树的主干和枝条上可以长出锈褐色气生根，有的悬挂在半空中，从空气中吸收水分和养料；大多数气生根长长地垂落下来，直达土中，进入土壤后继续增粗变成支柱根。乍一看支柱根与茎有几分相似，但它不像茎那样分支也不长枝叶，而是具有吸收水分和营养的作用，同时支撑着向外扩展的树枝，使得不断扩大的树冠得到强有力的支持，如此枝叶扩展、柱枝相托、柱根相连，造就一幅独木成林、遮天蔽日的奇观。

东晋时期福州太守张伯玉号召福州居民遍植榕树，福州街头出现"暑不张盖，绿荫满城"的景观，从此，福州就有了"榕城"的雅号。广东省新

图2-15 榕树

会县有一棵树冠面积宽达6000多平方米的大榕树，远看就像一片茂密的"森林"，它离大海不远，成为以鱼为食的鸟类如鹤、鹳等早出晚宿的栖息地，成为远近闻名的"鸟类天堂"。在孟加拉国的热带雨林中有一棵榕树更大，树冠覆盖面积超过1万平方米，犹如在大地上撑开一把"巨无霸"的大伞，曾经容纳一支数千人的军队在树下躲避烈日。

榕树上的果实成为鸟儿们的美食，坚硬不可消化的种子便随着鸟儿到处传播。除了在古塔、墙头和屋顶上可以看到鸟儿播种长出的榕树外，甚至在大榕树上也生长着鸟类播种的榕树，形成了树上长树的奇特景观。

十六、日本樱花是从中国传到日本的吗？

日本樱花远近闻名，但樱花（学名：*Prunus* subg. *Cerasus* sp.）（图2-16）的原产地并不是日本，而是从中国传到日本的。据日本权威著作《樱大鉴》记载，樱花原产于喜马拉雅山脉，逐渐被人引种到中国的长江流域、西南地区以及台湾岛。至盛唐时期，万国来朝，日本深慕中华文化之璀璨，园艺花卉的种植技术随着建筑、服饰、茶道、剑道等一并被遣唐使带回了东瀛（日本的别称）。如今樱花在世界各地都有生长，但主要在日本生长，是日本的代表植物之一，同时也是日本的国花。

樱花是蔷薇科、樱亚属植物，它并不是一种花，在园艺界，樱花是李属、樱亚属所有物种和种植品种的统称。目前全世界共有樱花品种多达三百种以上，其中野生种约150种，约三分之一的野生种来自中国。在全世界约40种樱花类植物野生种祖先中，原产于中国的有33种，其他的则是通过园艺杂交所衍生得到的品种。樱花的生长是非常独特的，通常会先开花后长叶子。一般在3月到4月期间开花，单朵樱花的花期为七天左右，整株樱花树的花期为半个月左右。每枝花3～5朵，成伞状花序，花瓣先端缺口，花色多为白色、粉红色，花色艳丽且幽香，常吸引大量游客慕名前往樱花园观赏。

樱花的果实是樱桃吗？答案是否定的。樱桃是某些蔷薇科李属植物的统称，包括樱桃亚属、酸樱桃属、桂樱亚属等，属于小乔木，花期时间会比较早，

通常是在3月便已经开花，它们结出的果实就叫作樱桃，外表颜色鲜艳，红如玛瑙，而且其中还含有丰富的糖分、维生素、蛋白质、胡萝卜素以及钙、铁、磷、钾等多种营养成分，是一种营养价值很高的水果。而樱花是蔷薇科樱属几种植物的统称，属于乔木，主要用于观赏，我们通常看到的樱花大多是复瓣类的樱花，是观赏品种，大多是只开花不结果。因为这种复瓣类的樱花是人工诱变的品种，进行了人为的基因调整，所以没有"心皮"这个组织，而"心皮"是花朵能够结果的关键。当然并不是所有的樱花都不结果实，单瓣类樱花是可以开花结果的，结出的果实颜色为紫黑色，果实小巧，不像樱桃酸甜可口，吃起来反而多是酸涩、苦涩的口感，若是食用过多，甚至会出现肠胃不适症状，所以樱花的果实不能吃。

图2-16　樱花

十七、最早的开花植物出现于何时？

在植物界中，只有被子植物才具有真正的花，而花的出现大大提高了繁殖效率，使得这类植物在当今种类最多，分布最广，在全世界约有30万种，占绝对优势。以被子植物为主要代表的绿色植物，每年向地球提供约几百亿吨的宝贵氧气，为人类及动物提供谷类、豆类、瓜果等大量的食物，人类的衣食住行都离不开被子植物。虽然被子植物的存在与人类的生活如此密切，但是长期以来人类对被子植物的起源以及早期演化史却知之甚少。古生物学界的许多学者认为，被子植物即真正有花植物的出现是在白垩纪（1.45 亿至 0.65 亿年前）。2016 年初，中国科学院南京地质古生物所副研究员傅强无意中在南京东郊发现远古化石花的标本，经研究表明，这些花朵生活的年代距今至少有 1.74 亿年，因为发现的化石花标本产自南京，所以被命名为"南京花"。"南京花"（图 2-17）的发现，将原有认为的被子

图 2-17 南京花化石

植物的最早化石记录向前推进了约 5000 万年，使目前流行的被子植物演化理论面临着巨大的冲击。

截至 2018 年 12 月，研究团队已经陆续找到了 200 多块"南京花"标本。用肉眼来看，标本上一些凹凸的黑点形态上很像"梅花"，单朵花的平均直径 10 毫米左右，多有 4 片或 5 片花瓣。在显微镜下看，花朵具有花萼、花瓣、雌蕊，子房被杯状花托所包被，花萼、花冠等均着生于花托顶部，子房下位，花萼、花冠等依次着生在杯状花托的顶部、树状的花柱。

十八、王莲叶上能坐人吗?

王莲［学名：Victoria amazonica（Poepp.）Sowerby］（图 2-18）是睡莲科王莲属植物统称，多年生或一年生大型浮叶草本，原产于南美洲亚马孙河流域著名的观赏植物，具有世界上水生植物中最大的叶片，直径可达 3 米以上，叶面光滑，叶缘上卷，犹如一只只浮在水面上的翠绿色大玉盘，十分壮观，可谓是名副其实的"水上花王"。王莲巨人的叶不仅引人注目，而且其负载能力更让人吃惊。一片大的叶片可以承重 50 千克甚至更多，所以不仅是小孩子，甚至是一个成年人都可安坐在浮于水面的王莲叶上而不下沉。

王莲的叶子看起来很薄，可它为什么能承受这么大的重量呢？原来王莲的叶子背面有着复杂而精妙的叶脉结构，一条条粗壮的主脉辐射开去，主脉上又

有若干分支，纵横交错构成一个个高10厘米以上的方形小格板状隆起，形成十分牢固的网状骨架。除了强有力的骨架支撑，王莲叶子里面还有很多充满气体的气室，有这么强的承重能力就不足为奇啦！

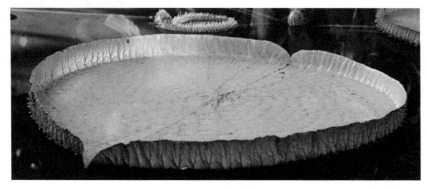

图2-18　王莲

这么大的"翠绿色大玉盘"在水中着实养眼，但王莲是如何保持叶子的完好呢？首先，它的叶子背面布满了尖锐刚硬的利刺，可以防止被小鱼或者其他小动物啃食；其次，它的"盆沿"长有两个缺口，是两个天然的排水口，可以防备下雨天造成的"大盆子"积水而影响呼吸作用。

王莲夏季开花，单生，浮于水面，它以娇容多变的花色和浓厚的香味闻名遐迩。王莲花朵只开三天，而且两开两合还会变色，初为白色，次日变为深红然后枯萎，被称为"善变的女神"。为什么会出现这种现象？这其实是王莲智慧的传粉策略。王莲的花通常在傍晚开放，刚开放的花朵为白色，具有浓烈的花香，花朵里面还准备了特别的食物，即雌蕊心皮上的淀粉质附属物，这与常见的花粉和花蜜不同，同时花朵中央也比外界温度高，美味又温暖的花朵会吸引甲虫等众多传粉者前来拜访。刚开放的王莲花朵雌蕊已经成熟，而雄蕊还未成熟散粉，所以可以接受外来的花粉完成异花授粉。第二天清晨，王莲的花逐渐闭合，几乎所有的甲虫都会暂时被关闭在花朵之中，王莲的花药慢慢成熟并散发花粉，于是甲虫在取食和挣扎的过程中身上会逐渐沾满花粉。直至傍晚，转变为粉红色并且香味散去的王莲花朵又一次绽放，被释放的甲虫纷纷逃离，喜爱美食与温暖的它们会再次寻找那些具有浓烈芳香的新开放的白色花朵，从而把红色花朵上的花粉带到白色花上，成功地完成一次异花传粉过程。第三天中午，原先已经变为深红色的王莲（即已完成授粉），慢慢闭合然后沉入水下孕育果实。通过花朵的开合和变色机制，王莲不仅完成了传粉的过程，并且尽可能地避免了自花授粉，完成了天然条件下的杂交，这有利于王莲的进化。2022年，英国皇家植物园的科学家发现了巨型维多利亚大王莲的一个新品种。

王莲属于热带植物，需在要高温、高湿、阳光充足的环境下生长发育，生长适宜的温度为25～35℃，低于20℃时，植株会停止生长。

十九、"蓝眼泪"与夜光藻

大家见过海面上出现"蓝眼泪"的奇观吗？只见一朵朵绽开的浪花闪着幽幽的蓝光，海面上青火如灯，随潮起潮落，幽幽浮来，触岸即灭，彻夜不息，海岸线也瞬间变成了一条蓝色的光带，闪现着点点蓝色的荧光，密密地连成了一条线。若是海浪大一点，那点点的荧光被浪花拍卷到空中，就像飞舞的萤火虫，整个海岸线犹如浩瀚的银河星空，让人仿佛置身在"阿凡达"的美妙世界里。但"蓝眼泪"并不是海水的颜色，是由夜光藻所发出的光形成的。夜光藻（学名：Noctiluca scintillans）（图2-19）是生活在海洋表层沿岸的一种藻类植物，属于甲藻门，是海洋环境中的一种耐污生物，世界各海域均有分布，尤其在富营养化的海区。夜光藻具发光能力，尤其是受到惊扰时，就会发出很亮的蓝光，夜光藻的生物发光现象又被称为"蓝眼泪"。

夜光藻通过外界获得营养生存，受潮流和风速的影响，海底大量营养物质被带到表层，富有营养的水促进了夜光藻的大量繁殖，加上适宜的温度和盐度，最后在适宜的风向下大量聚集，当水体中有一定量的夜光藻聚集并被外界刺激时，就能够发出生物冷光，即产生"蓝眼泪"现象。夜光藻之所以发光，与它的细胞质中含有荧光素酶系统有直接关系，但发光底物荧光素和荧光素酶是分离的。只有当受到外界刺激时，在一系列信号分子的作用下，荧光素和氧气在荧光素酶的催化下，才能迅速地发生反应，发光颗粒就会开始收缩而产生淡蓝色的荧光。为什么夜光藻类在受到外界刺激时才会发光？研究表明这种发光实际上是出于自我保护，我们看到的美丽景色，只不过是它们"害怕"罢了。虾

类以夜光藻为食，乌贼以虾为食，是海洋中常见的食物链，虾会因为夜光藻突然发光而退缩；而且即使被食用，夜光藻也能在虾体内发光，这就为虾的主要天敌乌贼指明了方向，即为敌人的敌人提供帮助，从而保护自己不被虾吃。

图 2-19　夜光藻的生物发光现象——"蓝眼泪"

那么"蓝眼泪"只能活 100 秒吗？夜光藻受外部刺激就会发光，即使离开海水，用手指触碰，也会发光。但是夜光藻是低等生物，繁殖速度快，对环境依赖程度高，确实容易受外部环境的变化影响而消亡，但是"蓝眼泪被冲上岸离开海水后，最多存活 100 秒"的说法太绝对，没科学依据。

夜光藻白天在阳光下呈红色，它在适宜环境条件下在海水中大量繁殖和聚集就会形成赤潮，是海洋赤潮的主要发生藻，对渔业危害很大。夜光藻赤潮多发生在 4～5 月水温较低的月份，虽然它本身不含毒素，但赤潮爆发时，大量的夜光藻黏附于鱼鳃上，阻碍了鱼类呼吸并导致鱼类窒息死亡；同时夜光藻尸体分解后产生的尸碱和硫化氢会使海水变质，危害水体生态环境；此外，它还能渗透出高浓度的氨和磷，加剧了富营养化环境，因此需警惕在网箱养殖区发生夜光藻赤潮。夜光藻类数量的增加会改变浮游植物群落结构，导致硅藻等饵料藻类密度降低，同时夜光藻也会摄取鱼卵，最终导致渔业产量下降。

另外，夜光藻本身虽无毒性，但当其密度增大，作为食物的或在其消亡后参与分解的细菌或真菌数量增多，人类在与"蓝眼泪"亲密接触后，如不及时清洗，极易出现皮肤瘙痒、红疹等症状。建议大家谨慎下海"追泪"。

夜光藻的出现和其他生态灾难，如赤潮、浒苔绿潮一样，代表着原有海洋生态系统的稳定状态被打破，海洋生态环境质量下降。由于海洋生态系统的复杂性，使其自身有一个完善的调节系统，赤潮也是其调节的一种方式。过多的养分进入海洋生态系统后，通过快速生长的赤潮生物可以在短时间内被吸收储存，而赤潮消亡后经分解体分解后又缓慢返回水中，供其他生物利用。

二十、会被名字误导的植物——金银花

金银花为忍冬科忍冬属植物忍冬 (学名: Lonicera japonica Thunb.) (图 2-20) 的花。我们经常可以在绿化带或公园里看到它们的身影，一簇簇黄色和白色的小花交错在一起，娇小玲珑，散发着淡淡的香气。从金银花的名字来看，"金"指的是黄色，"银"指的是白色，所以经常被人误解黄花和白花是同时长出的，事实并非如此。金银花的花在萌发之初是白色的，然后逐渐变黄。李时珍在《本草纲目》中记载："三四月开花，长寸许，一蒂两花两瓣……花初开者蕊瓣呈白色，二三天后颜色变黄。新旧相参，黄白相映，按呼金银花。"金银花的花成对着生在叶腋 (即叶柄与茎连接的地方)，刚开始花蕾呈黄绿色，看起来像一根小小的棒槌，后来我们看到并生在一起的两花一朵黄色、一朵白色，黄色的那朵是较早开放后来逐渐变成黄色，白色的花较晚开放还没变黄。金银花一蒂生两花，有人说这就像雌雄相伴，又似鸳鸯共舞，所以在福建等地，金银花又叫鸳鸯藤。金银花在装点美化环境的同时，还是一种清热解暑的良药，在炎热的夏天，人们经常会把晾干的金银花加水煮成金银花茶，作为日常夏天的凉饮。

图 2-20　忍冬

二十一、纯天然的食物更安全吗？

近年来各类报纸杂志不时报道出食品安全对人体健康的伤害，其中不乏不法商人非法加工的食品毒害人们的健康。就在这样的情况下，一些食品生产厂家打出了"纯天然食品"，人们容易被误导认为这样的食品就是最安全可靠的，殊不知许多天然物质本身就有一定毒性，例如蕨菜，它是迄今发现的唯一一种具有致癌性的食用植物，它的致癌性颠覆了许多人的认知——"纯天然的食物更安全、更有营养"。

蕨〔学名：Pteridium aquilinum（L.）Kuhn var. latiusculum（Desv.）Underw.ex Heller〕（图2-21）是蕨科蕨属欧洲蕨的一个变种，喜生于浅山区潮湿又温暖的环境，在中国大陆以及东南亚广泛分布。我们用来吃的是蕨未展开的幼嫩叶芽，称蕨菜，幼嫩叶未展开时像握着的拳头蜷缩着，所以又叫拳头菜、猫爪、龙头菜，若叶已展开，就太老了，不能吃了。蕨菜食用前经沸水烫后，再浸入凉水中除去异味，便可食用。经处理的蕨菜口感清香滑润，再拌以佐料，清凉爽口，是难得的上乘酒菜，还可以炒着吃，或加工成干菜、做馅、腌渍成罐头等。而蕨菜曾被认为是典型的绿色食品，还能起到清热滑肠、降气化痰、利尿安神的作用，在中国大陆及东南亚这些盛产蕨的地区受到了欢迎。但后来发现牛羊食用过量蕨菜会导致死亡，人食用会导致癌症的发病率提高，被认为是导致日本胃癌高比率的元凶之一。

2011年，蕨菜（欧洲蕨）被世界卫生组织列为2B类致癌物，意味着它已被证实对动物有致癌性，对人可能致癌。据央视"共同关注"报道，不管是实验动物还是牲畜，食用蕨类都有可能造成中毒的情况，包括肝的损害、致癌，而这种致癌物质就是从蕨菜中提取到的原蕨苷，在国际癌症研究机构官方网站里，原蕨苷被列为二类致癌物质，原蕨

图2-21　幼嫩的蕨

苷存在剂量和致癌效应之间的关联，剂量越多、暴露频率越高，癌症的发生概率就越高。通过送检，测出原蕨苷在蕨菜中含量从高到低为叶、茎、根，叶中含量是根的 10 倍。

虽然说"蕨菜致癌"有明确的科学证据，但"蕨菜 100% 致癌"是具有夸大性的。"致癌"的意思是"增加致癌风险"，而不是"吃了就会得癌症"。所谓"增加风险"，是指得病的可能性增加。风险大小跟摄入的量有关，如果实在是喜欢它的味道，偶尔吃几次尝尝鲜，所带来的风险也小到可以忽略。需要强调的是，吃蕨菜要适量，切勿长期且大量食用。

二十二、猕猴桃不长毛、五颜六色，还有麻辣味的？

猕猴桃（学名：Actinidia chinensis Planch），也称奇异果，果形为椭圆状，外观呈绿褐色，表皮覆盖浓密绒毛，这是我们常见的猕猴桃的样子，其实猕猴桃有一个丰富的大家族，猕猴桃属目前有 54 个物种，21 个变种，75 个分类单元。我国是猕猴桃野生资源最丰富的国家，大多数猕猴桃物种为我国特有种，仅"尼泊尔猕猴桃"和"白背叶猕猴桃"为周边国家所特有。著名的猕猴桃商业品种"海沃德"的原产地也是中国，一位新西兰女教师将其种子从我国湖北宜昌带到新西兰后，当地的园艺爱好者选育出来了这一品种。

不同种类的猕猴桃从外观到口味都千差万别，果实形状有圆柱形、卵形、倒卵形、球形等至少 15 种类型；果肉颜色从绿色、黄色、黄橘色、粉色到紫色的广泛变异；果皮毛被从光滑无毛到刺毛猕猴桃的长硬毛，呈现广泛连续的变异；果实风味更是酸、甜、苦、辣、麻应有尽有。我们来认识一下果皮毛被光滑的一类猕猴桃，这类猕猴桃被称为净果组，净果组被认为是猕猴桃的先祖类群，主要分布在我国北部，而且是唯一在黄河以北有分布的组，更加适应寒冷的环境，但在我国东部和南部的高海拔区域也有分布，是物种形态最具一致性、属内最清晰的一组。

净果组猕猴桃的存在让猕猴桃家族的果实颜色显得尤为丰富多彩。在达到食用成熟度时，净果组大多数物种的果肉呈绿色，属于"持绿型"果实，还有

皮皱缩，且货架期短。这些因素都严重阻碍了其大规模商业发展。

目前，科学家们正在积极探索猕猴桃性状的遗传基础，并利用净果组猕猴桃作为亲本开展杂交育种，希望通过基因工程手段改善净果组的果实性状，获得具有多种优良性状的猕猴桃品种。希望在未来，我们可以品尝到更多颜色不同、口感更好、光滑无毛的高颜值猕猴桃。

二十三、"滴水观音"滴下的水有毒吗？

海芋［学名: *Alocasia macrorrhiza*（L.）Schott］是天南星科海芋属的植物，原产南美洲，是一种常见的观赏植物，有多个俗称，如痕芋头、狼毒花、野芋头、山芋头、大根芋、大虫芋、天芋、天蒙，作为观赏植物时则称其为"滴水观音"，这是因为海芋喜欢生长在炎热潮湿环境下，植物很难通过气孔蒸腾水分，不利于体内运输与循环，如果环境湿度过大，当植物吸收水量大于蒸腾量时，叶片尖端就会出现水分外溢，因而形成吐水现象，即可看到从它阔大的叶片上往下滴水（图2-22）。另外，它的花是肉穗花序，外有一大型绿色佛焰苞，开展成舟型，如同观音坐像（图2-23）。

图2-22 海芋的吐水现象

图2-23 海芋的肉穗花序

海芋下的水中灰分很少，有机质大多只达到痕迹程度，其毒性可以忽略不计，但是它的茎和枝叶的白色汁液是有毒的，误碰或者误食都会引起咽部和口部的不适，严重的还会导致窒息或心脏麻痹死亡；皮肤轻微地接触汁液会出现瘙痒和刺激反应；眼睛接触滴水观音的汁液，会导致结膜炎甚至失明，故应尽量减少接触滴水观音。作为大型观叶植物，经常被种植于大型厅堂或室内花园，但是有小孩或养宠物的家庭最好不要种植，以免折断枝叶而流出汁液伤人或动物，但是滴水观音并不属于致癌植物。

海芋汁液虽有毒，但根茎具有清热解毒、行气止痛、散结消肿等药用功能，加工时用布或纸垫手，以免中毒，用小刀削去外皮，切片，用清水浸泡6～7天，多次换水，取出晒干即可作为药用，不宜生食，否则会中毒而致口舌肿胀，甚至窒息。

第三篇

见过恐龙的绿色星球中的"大熊猫"

一、什么是活化石？

活化石是指物种起源久远，在新生代第三纪或更早就有广泛的分布。目前大部分物种已经因地质、气候的改变而灭绝。这些现存生物的形状和在化石中发现的生物基本相同、延续了上千万年的古老生物，保留了其远古祖先的原始形状，适应了现代的环境，且其近缘类群多数已灭绝。这些生物比较孤立，生活在一个极其狭小的区域，进化缓慢，人们称其为孑遗生物或活化石。所以活化石定义是一般先发现化石再发现活体，或活体与确认的化石属同一种且同时存在。

成种作用是生物进化的重要组成部分，现有的研究表明，进化缓慢的生物其成种率较低，非常适应食物来源和所处环境的环境物理化学条件的波动，与其相关的新生种类在同一环境下可能竞争不过它们。当生物环境保持不变，成种率极低时，这些生物在数百万年内基本保持不变，因此相应形成一些延续了数千万年的古代生物，但它们的分布范围极其有限。

在漫长的地质时代，曾经有无数的生物在地球上生活过，这些生物死后的遗体或生命过程中留下的痕迹被当时的沉淀物掩埋。在接下来的岁月里，这些生物遗体中的有机物被分解，但坚硬的部分如树枝和叶子等会与周围的沉积物一起变成石头，使得它们的原始形态、结构（甚至一些微妙的内部结构）仍然保留下来，同样，这些生物生命中留下的痕迹也可以这样保留。我们称这些石化的生物遗体和遗迹为化石，化石的形成一般需要上亿年。

植物化石包括根、木、叶、种子、果实、花粉、孢子等，可以从中看到古代植物的形态特征，从而推断古代植物的生存状况和生活环境，也可以推断埋藏化石地层形成的年代和经历的时代变迁，还可以看到生物从古至今的演变等。类似种属的植物化石在年代越久远的岩石中结构通常是原始和简单的，而在越近代岩石中的化石结构则更加高级和复杂。

在新生代第三纪，银杉就广泛分布在北半球的亚欧大陆，在德国、波兰、法国和俄罗斯都发现了它的化石，然而距今200万～300万年前，地球覆盖了大量的冰川，几乎席卷了整个欧洲和北美洲，但欧洲、亚洲的一些地理环境独特的地区没有受到冰川的攻击，从而成为一些生物的避风港，就这样，银杉、水杉、银杏等珍稀植物得以幸存，成为"活化石"，见证了历史的变迁。

在植物界，这些被称为"植物界的活化石"的珍稀物种有几千万年或几亿年的历史，并保留着最原始的植物特征，具备很高的研究价值，已被各个国家立法保护。经我国国务院批准，国家林业和草原局和农业农村部于1999年9月9日发布了《国家重点保护野生植物名录（第一批）》，有"活化石"之称的植物，都属于国家一级保护植物。国家一级保护野生植物禁止采集、出售和收购，对于未经许可，擅自采集、非法出售和收购等行为将受到相关法律法规的制裁。

二、银杏

银杏（学名：*Ginkgo biloba* L.）（图3-1～图3-4）为银杏科、银杏属落叶乔木，银杏树又名白果树，是现存种子植物中最古老的孑遗植物。早在3.45亿年前的石炭纪，银杏的祖先就出现了，曾广泛分布于北半球的欧洲、亚洲、北美洲，到了一亿七千多万年前，银杏已和当时称霸世界的恐龙一样遍布世界各地，而在50万年前，随着第四纪冰期的到来，地球突然变冷，绝大部分地区的银杏种类像恐龙一样灭绝了，只有中国自然条件优越，才奇迹般地保存下来，其野生居群目前仅存在于我国南部地区，只留存了现今的一种，成为稀世之宝，故被称为植物中的"活化石""植物界的大熊猫"。经考证浙江天目山，湖北大洪山、神农架，云南腾冲等偏僻山区，均发现了自然繁衍的古银杏群，这些银杏被认为具有极其珍贵的自然景观和研究价值，有必要对其周围生态环境进行改善，以确保银杏遗传资源的持续利用。

银杏与常见的松、柏一样属于裸子植物，但是银杏树为裸子植物中唯一的中型宽叶落叶乔木，叶子是扇形，呈二分裂或全缘，叶脉和叶子平行，无中脉，可以长到25～40米高，胸径可达4米银杏树有着高大、挺拔的树形，精致、独特的叶形，极具观赏价值，大片种植的银杏林在视觉效果上更是具有整体美感。夏天一片葱绿，而在秋季银杏叶会变成金黄色；秋风拂过，叶片就像黄蝴蝶一般，或在枝头轻轻振翅，或飞舞而下，在地面铺成一片金色的地毯，在秋季低

角度阳光的照射下非常美观。银杏适应性强，对气候土壤要求都很宽泛，几乎无病虫害，是著名的无公害树种，与松、柏、槐合称中国四大长寿观赏树种，具有较强的抗污染能力，如能抗烟尘、抗火灾、抗有毒气体等，是理想的园林绿化和行道树种。银杏是世界上十分珍贵的树种之一，被其他国家大量引种，但基因测序显示，它们都源自我国的浙江天目山野生居群。

图 3-1　银杏的雌球花

图 3-2　银杏的雄球花

图 3-3　银杏的种子

图 3-4　银杏种子纵切面结构

　　银杏属于裸子植物，所以没有真正的花，开的花实际上是孢子叶聚集成的球花，雌雄异株，4 月开花，10 月成熟，雌球花生于短枝顶端的鳞片状叶的腋内，呈簇生状；雄球花菜荑花序状，下垂。银杏尚未演化出被子植物的果实，只有种子的构造，种子具长梗，下垂，常为椭圆形、长倒卵形、卵圆形或近圆球形。但银杏种子的种皮发达，看起来与被子植物的果实相似，外种皮肉质，熟时黄色或橙黄色，外被白粉，有臭叶；中种皮白色，骨质；内种皮膜质，淡红褐色。银杏生长较慢，从栽种到结果需要 20 多年，40 年后才能大量结果，因此又名"公孙树"，有"公种而孙得食"的意思。

　　银杏的种子称为白果，有点像杏子，成熟银杏种子的外面为一层肉质的黄色或橙色外种皮，掉落地面腐烂后，会发出一种类似黄油酸败后产生的难闻气味，这曾成为吸引恐龙前来取食的强烈信号，却为现代动物和人类所不喜，也有人对果浆中的成分过敏，发痒长水泡，因而洗银杏果的时候需要戴手套。去除外层种皮后，就露出了由白色骨质种皮包裹的种子，俗称白果，种子剥出烧熟后香糯可口，为人们所喜食，是中国和日本的传统食物。但由于其内含有氢氰酸毒素，毒性较强，故不宜多吃，更不宜生吃。白果内的氢氰酸毒素，遇热后毒性减小，故食生银杏果更易中毒，一般中毒剂量为 10 颗以上，中毒症状发生在进食白果后 1～12 小时。为安全食用银杏仁，应去掉胚和子叶，先用清水煮沸，倒去水并剥掉内种皮后，再加水煮熟或用于烹饪。此外，已发芽的银杏种仁不能食用，食银杏种仁时切忌同时吃鱼。

三、银杉

　　列入《国家重点保护野生植物名录》I 级，被植物学家称为"植物熊猫"的银杉（学名：*Cathaya argyrophylla* Chun & Kuang）（图 3-5），是中国特有的世界珍稀物种，是三百万年前第四纪冰川后残留下来的稀世珍宝，和水杉、银杏一起被誉为植物界的"国宝"。1955 年，银杉在中国广西桂林附近的龙胜花坪林区首次被中国的植物学家发现，经鉴定这就是曾被认为是地球上早已灭绝的，只保留着化石的珍稀植物——银杉，曾引起世界植物界的巨大轰动。

　　银杉属于裸子植物松科，名字中有个"杉"字，却与杉木不是同科。它是常绿大乔木，树干挺直，主枝平展，姿态刚健优美，整棵树像托塔天王手中的宝塔，屹立

图 3-5　银杉

在山脊之上，树干像苍松一样布满鳞片。银杉树叶常年青翠欲滴，而那窄窄的暗绿色叶背上有两条长长的耀眼的白线，当一阵山风吹过，可见满树银光闪闪，美不胜收，这便是银杉美名的由来。

早在两亿多年前，银杉曾广泛分布于北半球的欧亚大陆，在德国、波兰、法国及苏联曾发现过它的化石。但由于第四纪冰川的肆虐，许多植物遭遇了灭顶之灾，相继死亡，银杉也濒临灭绝。由于中国南部地处于低纬度区，地形复杂，阻挡了冰川的袭击，加上河谷地区受到温暖湿润的夏季风影响，所以冰川活动被限制在局部地区。这种得天独厚的自然环境，成了这些古老濒危植物的避难所，因此它们才得以保存，成为历史的见证者。目前，世界上只有中国有活的银杉，而且数量很少，只有几千株。银杉形态特殊，胚胎发育与松科植物相似，对研究松科植物的系统发育、古植物区系、古地理及第四纪冰期气候等，均有重要的科研价值。

四、水杉

水杉（学名：Metasequoia glyptostroboides Hu & W. C. Cheng）（图 3-6），一亿年前分布在北半球的高纬度地区，曾在北美洲、欧洲、亚洲等都发现过它们的化石。但是经过漫长的冰河期后，在 20 世纪 40 年代前，世界各地的植物学家都一致认为活体水杉早已灭绝，并且欧美大陆上从未出现过活体水杉。中国川、鄂、湘边境地带因地形走向复杂，受冰川影响小，水杉得以幸存，1941 年中国植物学者在湖北利川谋道镇（当时称为四川万县磨刀溪）首次发现这一闻名中外的古老珍稀孑遗树种，属于裸子植物门杉科水杉属中的唯一幸存的物种，与银杏、银杉并称为"中国三大活化石"，中国特产的孑遗珍稀树种，第一批被列为中国国家一级保护植物的稀有种类，它对于古植物、古气候、古地理和地质学，以及裸子植物系统发育的研究均有重要的意义。

图3-6　水杉

水杉是在浅水中生长的大型落叶乔木，所以叫作水杉。水杉树干通直挺拔，高大秀颀，高可达35米，胸径可达2.5米，树姿优美，叶色翠绿，入秋后叶色金黄，是著名的庭院观赏树。从树冠（即树主干以上连同其生枝叶的部分）形态可判断树的老幼程度，幼树树冠呈尖塔形，老树则为广圆头形。水杉对二氧化硫有一定的抵抗能力，是适宜工矿区绿化的优良树种。

水杉花期在2月下旬，球花单性，雌雄同株，雄球花单生于枝顶和侧方，雌球花单生于去年生枝顶或近枝顶。球果在11月成熟，成熟后鳞片打开，扁平的种子带着窄窄的翅膀飞走，总有一片土地能它让驻留生根发芽……

五、珙桐

珙桐（学名：Davidia involucrata Baill）（图3-7），又称水梨子、鸽子树、鸽子花树，蓝果树科珙桐属，是1000万年前新生代第三纪留下的孑遗植物。在第四纪冰川时期，大部分地区的珙桐相继灭绝，只有生长在中国西南部四川省和中部湖北省及周边地区的野生种能够幸存下来，成为今天植物界的"活化石"。在我国珍稀濒危保护植物名录中被列为国家一级重点保护植物，在植物系统发育和地质变迁研究上具有较高的科研价值。

珙桐是我国特产的单型属植物，本科植物只有一属两种，两种相似，只是一

图3-7 珙桐

种叶面有毛，另一种为光叶。珙桐是落叶乔木，身姿高大挺拔，高度可达15～25米，叶色翠绿欲滴。而最美之处在于它那奇特的花朵，每年四五月间，珙桐树盛开繁花，它的头状花序下有两枚大小不等的白色苞片，呈长圆形或卵圆形，长6～15厘米，宽3～8厘米，如白绫裁成，美丽奇特，好似白鸽舒展双翅；而它的头状花序像白鸽的头，远处看像一群鸽子在树上栖息，因此珙桐有"中国鸽子树"的美称，又称"鸽子花树"，是和平的象征，也是世界上著名的观赏树种。大陆曾把被誉为植物界"活化石"的珍稀植物珙桐赠送给台湾，表达大陆同胞对台湾同胞的深情厚谊。

珙桐对生长环境要求苛刻，不能忍受38℃以上的高温，种子败育现象严重，发芽率低；有性繁殖周期长，从种子萌发开始到开花结果一般需要15～18年，20～25年才进入盛果期，结果大小年现象明显，而且早期落花非常严重，有"千花一果"之说；森林的砍伐破坏及挖掘野生苗栽植等人为的干扰使珙桐目前处于濒危的状态。为了更好地开展珙桐的迁地保护工作，杭州植物园省级大师工作室开展的珙桐繁殖技术研究和实践工作并取得了丰硕的成果，目前已成功繁育出珙桐小苗近百株。

六、桫椤

桫椤［学名：Alsophila spinulosa（Wall. ex Hook.）R. M. Tryon］（图3-8），是桫椤科、桫椤属大型蕨类植物。桫椤科作为真蕨中一个独特类群，其大多数种类拥有和树一样形状直立的树茎，故而得名"树蕨"，被誉为"蕨类植物之王"。

与恐龙同时代的桫椤历经沧桑，穿梭亿年，是唯一现存的木本蕨类植物，作为公认的极其珍稀的冰川前期植物，是"地球爬行动物时代"的标志植物，是盛于中生代，在白垩纪—第三纪灭绝事件中幸存下来的孑遗植物，极其珍贵，堪称国宝。桫椤笔直的树干高可达6米，1～3米长的巨大叶子从树干上伸展开来，宛若撑开一把巨伞，十分雄伟壮观。

在远古时，蕨类植物原本大多是些高大的树木，那时就有蕨类的石松、木贼，只不过恐龙时代的石松和木贼长得十分高大，有些甚至超过100米，后来，经历了地质演变等历史性灾难后，大多数被深埋在地下变成了煤炭，幸存至今的大多蕨类植物是较矮小的草本，只有极少数属于木本，桫椤就属于其中极少数木本之一。目前人类发现的最早的桫椤化石源于侏罗纪时期，作为蕨类中古老的类群，桫椤从侏罗纪至白垩纪就与裸子植物构成大片森林，广泛分布于欧洲、美洲、亚洲，后来，由于新生代地壳运动，它只能适应热带和一些亚热带地区的气候，现在主要分布在这些地区潮湿的山地林和云雾林中。桫椤作为一种典型的孑遗植物，被科学界称为研究古生物和地球演变的"活化石"，在对古

代植被的演化和蕨类植物系统发育等科学研究中具有重要的作用；同时它与恐龙化石并存，可以帮助我们重新认识恐龙生活时期的古生态环境，理解恐龙的兴衰、地质的变迁，了解几亿年的地球变化。

由于全球原始森林面积萎缩，桫椤赖以生存的温暖、潮湿、荫蔽、水分充足、土层肥厚和排水良好的环境受到毁坏甚至消失，桫椤无完善的根系，很难适应现存变化较大的生态环境；桫椤不开花，不结果，没有种子，它是靠藏在叶片背面的孢子繁衍后代的，成年株每年产生孢子数量多，但桫椤孢子萌发及发

图3-8　桫椤

育过程对环境有严重的依赖性，所以死亡也多，而有幸在自然界存活的孢子，从萌发至形成幼孢子体这一过程，费时长达 1 年以上；而人为直接砍伐，使生长数年或几十年的桫椤毁于一旦，更加剧了桫椤的濒危状态。"当前仅存的木本蕨类植物""与恐龙同时代""有着活化石之称"，这些人们给它的美誉显示了桫椤的稀有，更有对其随时可能消逝的担忧。世界自然保护联盟（IUCN）鉴于桫椤的濒危性，以及它对蕨类植物进化和地壳变动研究所具有的重要影响，将桫椤科的所有全部种类列入国际濒危物种保护名录，中国也将其列为一级保护的濒危植物。

第四篇
绿色星球小精灵的生存之道

一、水生植物

能在水中生长的植物，统称为水生植物，水生植物四周都是水，不需要厚厚的表皮来减少水分的散失，所以表皮变得极薄，可以直接从水中吸收水分和养分，如此一来，根也就失去原有吸收水分和养分的功能。水生植物的根不发达，有的不再具备，主要是作为固定作用。水生植物的叶子通常柔软而透明，有的形成丝状，如金鱼藻。丝状叶可以大大增加与水的接触面积，使叶子能最大限度地得到那些能透过水层的有限的光照，吸收可溶于水中的少量二氧化碳水里溶解得很少的，保证光合作用的进行。

根据水生植物的生活方式，一般将其分为以下几大类：挺水植物、浮叶植物、沉水植物、漂浮植物以及湿生植物。水生植物的恢复与重建是水生态修复的主要措施，在能有效实现淡水生态系统的稳态转化（从浊水到清水）。例如：睡莲（学名：*Nymphaea* L.）属多年生浮叶型水生草本植物，它的根能吸收水中的汞、铅、苯酚等有毒物质，还能过滤水中的微生物，可用于城市水体的净化、绿化和美化。而多年水生或湿生的高大禾草——芦苇［学名：*Phragmites australis*（Cav.）Trin. ex Steud］也有净化污水的能力，生长在灌溉沟渠旁、河堤沼泽等地，根茎四布，有固堤之效。芦苇能吸收水中的磷，可以抑制蓝藻的生长。大面积的芦苇不仅可调节气候，涵养水源，所形成的良好湿地生态环境，也为鸟类提供栖息、觅食、繁殖的家园。

二、陆生植物

种类最多、分布最广的植物是陆生植物，即陆地上生长植物的统称，受精过程中出现花粉管才算真正的陆生植物，它包括湿生、中生、旱生植物三大类。早期生活在海洋里的植物是所有现代陆生植物的共同祖先。大约在4亿多年前，海洋植物通过进化产生了在陆地上生活的能力，成为最早的陆生植物。判断一种植物是不是陆生植物，要看它是否是最早的陆生植物的子孙，而不是看它是否生活在陆地上。一些陆生植物的后代，进入河流和湖泊，甚至是海洋，但是它们仍是陆生植物。相反，一些藻类，例如蓝藻，生活在陆地上，但它们不是最早的陆生植物的子孙，所以不属于陆生植物。

三、致命的依赖者——寄生植物

寄生植物，它们只以活的有机体为食，从绿色的植物取得其所需的全部或大部分养分和水分，而使寄主植物逐渐枯竭死亡，它们是致命的依赖者，植物界的寄生虫。寄生植物不含或只含很少的叶绿素，不能自制养分，约占世界上全部植物种的十分之一。

菟丝子(学名: Cuscuta chinensis Lam)(图4-1)是全寄生种子植物的代表，叶片退化，且茎秆中没有叶绿素，不能进行正常的光合作用，能寄生于豆科、菊科、藜科等多种植物上，靠吸收寄主植物产生的水分和养分维持生长。遇到适宜寄主就缠绕在上面，

图4-1　菟丝子

在接触处"破门而入"形成吸根伸入寄主，一旦幼芽缠绕于寄主植物体上，生命力极强，生长旺盛。菟丝子最喜寄生于豆科植物上，这种寄生关系对寄主植物极为不利，为大豆产区的有害杂草，并对胡麻、苎麻、花生、马铃薯等农作物也有危害。但菟丝子寿命只有一年，进入冬季后就会枯萎死亡。

四、攀炎附势的植物——附生植物

附生植物是一种不在地面生长，而是在树木的树枝和树干上生长的植物。它们通常不会长得很高大，用根把自己固定在其他树木的树皮上，将稠密的根

枝缠在上面，但与寄生植物不同的是，它们自身可进行光合作用，不会掠夺它所附着植物的营养与水分，彼此之间没有营养物质交流，形成"包住不包吃"的关系。附生植物为什么以这样的方式生存呢？那是因为要在植被稠密的热带雨林里找到一块有阳光的地方非常困难，依附其他高大的植物或岩石到达很高的高处，附生植物就可以得到自己生长所必需的充足阳光和新鲜流通的空气。如今，一些美丽的附生植物，如部分兰科植物、凤梨、蕨类、天南星科等已经大量被用来做园艺栽培。

五、互惠共赢的共生植物

共生是指两种不同生物之间所形成的紧密互利关系。动物、植物、菌类以及三者中任意两者之间都存在"共生"。在共生关系中，一方为另一方提供有利于生存的帮助，同时也获得对方的帮助。两种生物共同生活在一起，相互依赖，彼此有利。倘若彼此分离，则双方或彼此一方便无法存活。共生植物的代表——地衣，地衣是蓝细菌或藻类与真菌共生的复合体，由于菌和藻长期紧密地结合在一起，无论在形态上、结构上、生理上和遗传上都形成了一个单独的有机体。

苔藓、藻类、真菌……这些名字远比"地衣"来得熟悉。乍听之下，地衣似乎是地表微型生物的集合。但事实上，它却是完全不同的一个生物物种。从学术上来定义，地衣是藻菌共生体，漫长演化过程中形成的一类具有稳定遗传特征的微型生态系统，菌丝缠绕并包围藻类，为藻类植物提供保护及光合作用的原料，藻类则通过光合作用提供氮素营养给真菌及其整个生命体。

地衣在土壤形成中有一定作用。生长在岩石表面的地衣，所分泌的多种地衣酸对岩石有腐蚀作用，使岩石表面逐渐龟裂和破碎，加之自然的风化作用，逐渐在岩石表面形成了土壤层，为其他高等植物的生长创造了条件，因此，地衣常被称为"植物拓能者"或"先锋植物"。但是地衣不耐大气污染，大城市及工业园区很少有地衣生长。地衣对大气污染十分敏感，可作为大气污染的指示植物，例如：根据各类地衣对二氧化硫（SO_2）的敏感性，有人提出无任何地衣

存在的区域为 SO_2 严重污染区；只有壳状地衣（图4-2）生长的区域为 SO_2 轻度污染区；有枝状地衣正常生长的区域为无 SO_2 污染的清洁区。

生长于贵州省梵净山的冷杉（学名：*Abies fanjingshanensis* W. L. Huang, Y. L. Tu & S. Z. Fang）和地衣苔藓更是共生关系的代表。梵净山冷杉是国家一级保护植物，是贵州省的特有植物，也是人类发现最晚的一种冷杉，目前仅在梵净山局部地区有发现。梵净山冷杉是梵净山的"原住民"，在人类足迹到达梵净山之前，它们就在那里生活着，寒冷的第四纪冰期到来时，梵净山成了一个冰封的世界，冰蚀作用造成岩石陡峭，地表水土流失严重，连植物扎根所需的泥土都很缺乏，毁灭了许多物种，只有部分顽强的物种从远古一直存活至今，梵净山冷杉就是其中之一。

图4-2　壳状地衣

为什么梵净山冷杉会一直生活在生存环境极为艰苦的梵净山之中而不愿挪窝？原来，在第四纪冰期之后，"隐士"梵净山冷杉找到了抱团取暖、共生共荣的伙伴——矮小的地衣苔藓和灌丛。因为地衣苔藓的大量存在，死去的地衣苔藓变成了泥土，活着的地衣苔藓继续叠加生长，一层层累积起来，它们密密麻麻如一张大网，把枯枝败叶等网罗其中，变成有利于梵净山冷杉生长的腐殖质。为梵净山冷杉保温保湿，提供着养料和水分，让冷杉的根脉生长其中。在冷杉栖身的地方，地衣苔藓类植物覆盖度高达70%～80%，它们形成了厚厚的一层"地毯"；而梵净山冷杉不仅为害怕阳光炙烤的地衣苔藓遮蔽直射的阳光，其树叶落下后，又变成腐殖质，滋养着地衣苔藓。如今，在梵净山之巅，梵净山冷杉的枝干上皆附生着大量的地衣苔藓，数百万年过去了，它们一直都是荣辱与共的好伙伴。

第五篇
无奇不有的绿色小精灵

一、绿色星球的"小矮人"

"苔痕上阶绿，草色入帘青。"这句古诗词中提到的苔藓（学名：*Bryophyta*），可能被认为就是青苔，其实青苔并不等同于苔藓。青苔，泛指长在路边石阶或背阴处体型矮小的绿色植物或漂浮在溪流和池塘中的绿色丝状物，包括藻类（绿藻类）、苔藓、地衣、小型的蕨类和被子植物，由此可见，苔藓只是青苔的一部分，它包含苔类、藓类和角苔类三大类。苔藓通常体态细小，结构简单，只有茎和叶两个部分，没有真正的根，多数身高在数毫米至数厘米，堪称绿色星球的"小矮人"，不会开花结果，平常容易被我们忽视，如果带上一个放大镜也许能欣赏到美丽且神奇的苔藓世界。苔藓植物为什么长不高呢？原来是因为它的体内没有形成具有输送功能的维管束，所以不能长距离地运输养分、水分，它通过茎叶从空气、雨水等外界环境中吸收水分养分生长，因此多生于阴湿环境中。

由于身材矮小，苔藓植物难免容易让人忽视。其实，它是植物界的第二大家族，在全世界超过 2 万种，种类仅次于被子植物。它们分布广泛，几乎遍布世界各大陆，从赤道到南北极、低地到高山、雨林到戈壁，除海洋外，几乎哪里都会发现它的踪影。在某些生境中，它们甚至成为优势物种，如滇西北和川西等海拔两三千米以上山区的针叶林或杜鹃林下的树干、树枝，地面的石头和倒木上，全都长满了苔藓，俨然成为苔藓的世界。

虽然直接经济用途不大，但苔藓植物却具有重要的生态功能。它们是不毛之地的先锋植物，也是许多小型无脊椎动物和昆虫的栖息地和食物来源，甚至是驯鹿在冬季的食物之一。在北温带森林、沼泽和高山森林生态系统中，它们对维持水分平衡、减少土壤侵蚀、固碳（主要是二氧化碳和甲烷）及减缓全球变暖等方面发挥着极为重要的作用。与维管植物不同，苔藓植物的叶片多为一层细胞厚，表面缺少保护性的角质层，所以对空气或水体中的污染物很敏感，因此常被用作环境污染的指示植物。少数苔藓在民间被当作药用植物，例如国内报道的 60 多种苔藓中最有名的是大叶藓（也称一把伞，对于治疗心血管疾病有一定疗效）和金发藓（也称土马鬃）。

中国幅员辽阔，是世界上苔藓植物多样性最丰富的国家之一，全国超过3000种，约占全世界的近15%，同时，许多系统演化上占重要地位和珍稀的苔藓种类也原产于中国，例如爪哇裸蒴苔、拟短月藓树发藓、球蒴金发藓、黄羽藓、滇西高领藓、兜叶小黄藓、湿隐藓、贵州短角苔等。

因为苔藓矮小很容易隐匿，曾经有前人多年前发现个别物种，后被认为有深入研究的必要时，再寻却难以再找到。例如100多年在云南丽江被发现的拟短月藓，因该属的形态结构很特别，很多苔藓学家想到原产地再去找活体材料来进行深入研究时，却再没有人见过它的踪迹。2013年，依据由原国家环境保护部和中国科学院联合发布的官方文件《中国生物多样性红色名录——高等植物卷》，拟短月藓被认定已经绝灭，而且它是唯一一个被我们国家认定为绝灭的苔藓植物。让人欣喜的是，中国植物学家在西藏亚东县考察时，在海拔大概4000多米的生境，在一块石头表面看到一丛颜色鲜艳但很矮小的苔藓，经过近两年时间的严谨比对，到2014年下半年，终于确认拟短月藓的存在，随即于2015年1月在智利召开的国际苔藓学大会上，报告了这项成果。2018年底又有学者在四川和青海发现了拟短月藓的踪迹。

如今苔藓园艺逐渐成为高端的园标设计时尚，导致人们盲目采挖破坏自然环境、引发生态问题，同时由于经济建设、修路、旅游、水体和空气污染、森林砍伐和栖息地破坏及全球变暖等现状，苔藓植物的生存受到威胁，许多苔藓植物的居群已急剧减小甚至濒临灭绝。例如：20世纪五六十年代，紫叶苔在我国华南地区很常见，现在却很难找到；娇小美丽，生长在活植物叶面上的叶附生苔，原本在华南、华东湿润沟谷雨林下非常常见苔，它们的生境也在逐渐丧失，而这是一类对环境改变极为敏感的类群……，可能还有不少苔藓，我们还没来得及认识它，便销声匿迹了。

苔藓植物在1999年发布的《国家重点保护野生植物名录（第一批）》和2020年7月9日公布的《国家重点保护野生植物名录（征求意见稿）》中，均未列入。为弥补在苔藓保护上的缺陷，根据《国家重点保护野生植物名录（征求意见稿）说明》中列入目录的基本原则和补充原则，中国植物学会苔藓专业委员会于2020年8月正式向国家林业和草原局、国家农业农村部提议，将一些珍稀苔藓种类主要是泥炭藓属和白发藓属的所有种类补充到名录中。

关于苔藓植物还有几点须说明：

（1）在植物界中唯一没有发现有毒植物的类群是苔藓植物。一般认为苔藓植物中没有发现生物碱，所以无毒，即使在大叶藓（茴心草）中找到生物碱，此植物也无毒性，所以还需进一步研究。

（2）在人类的蔬食中没有苔藓植物，甚至野生蔬菜中也没有苔藓植物。

（3）在我国正式的中药材中，直到目前为止尚未见苔藓植物，具有药用价值的虽有几十种，但还没有得到很好的应用，是值得关注的一类药物资源。

（4）经长期观察，苔藓植物标本不需要消毒，可以长时间保存而不易发霉或腐烂，也不易受虫蛀蚀，说明它本身含有抗生物质，能抵抗霉菌及虫害。

（5）苔藓植物具有极强的保鲜能力。标本室内长期保存的苔藓标本，见水仍现绿色，说明其体内的叶绿体不易破坏推测其体内可能有某种酶物质的作用，因此其绿色可以长期保存。

综上所述，苔藓植物（图5-1～图5-8）是植物界一类特殊的类群，值得人们对它们进行深入的研究。中国学者在古尔班通古特沙漠发现了大片灰黑色的"地毯"，禁锢着细小沙粒，使其无法随风流动。这些"地毯"其实是一种极端耐干苔藓聚拢在一起所形成的生物结皮。干燥时，苔藓"休眠"呈灰黑色，但"干而不死"，可持续数月甚至数年，只要在上面滴一滴水，它们就会很快舒展开来进行光合作用。中科院学者张道远及其团队已瞄准这类不起眼的荒漠植物二十多年，利用基因技术开展分子层面抗逆性研究，揭示荒漠植物"干而不死、死而复生"的基因密码，靶定具有耐干、抗病、促生长功能的特殊基因，为培育抗旱农作物遗传育种奠定基础。苔藓植物的应用前景将会非常广阔。

图5-1　地钱

图5-2　镰叶泥炭藓

图 5-3　万年藓

图 5-4　悬藓

图 5-5　大金发藓

图 5-6　波叶提灯藓

图 5-7　泥炭藓

图 5-8　黑藓

二、绿色星球的流行病和森林医生

(一) 农作物的"瘟疫"

在人类发展的历史上，曾受到流行瘟疫而引起死亡的人不在少数，但大家可能不知道的是植物界的瘟疫也会导致人死亡，而且不是病死而是饿死的。那是一种什么病呢？例如，马铃薯晚疫病，其病原物为致病疫霉 (学名：Phytophthora infestans)。马铃薯原产于南美洲，印第安人会在同一区域种植不同种类的马铃薯来防止病虫害。大航海时代开启后，马铃薯被引入欧洲，欧洲没有引进不同品种的马铃薯，只引进了产量最高的品种，而只种植一个品种的马铃薯的后果是，一旦遭遇病虫害便会大面积蔓延，马铃薯就会严重减产。

在 17 世纪，引进的马铃薯已成为爱尔兰岛上的首选作物。到 1841 年，爱尔兰人口已达 800 万，2/3 的人以农业为生，主要作物是马铃薯，当时这个国家的绝大多数穷人以马铃薯为生。1844 年马铃薯晚疫病蔓延到整个欧洲，1845 年夏天，爱尔兰岛遭受其害，整个岛的马铃薯产量大减，饥荒持续了 7 年，前所未有的大饥荒使爱尔兰人口减少了 20%～25%，直到 1852 年饥荒得以缓解，死亡人数达到 86 万，移民人数超过 100 万。

马铃薯晚疫病是一种毁灭性的真菌病，已被列为粮食作物的最大病害，危害波及全世界，中国也遭遇其害。1950 年，中国许多地区暴发晚疫病造成马铃薯减产，如华北当年减产 30%～50%。直到 20 世纪六七十年代引进抗病品种后，晚疫病才得到控制。但是从 20 世纪 80 年代起，晚疫病的流行频率和程度又开始逐步增大，成为马铃薯生产的一个重要障碍，据估计，中国每年因晚疫病损失高达 64 亿元人民币。2020 年 9 月 15 日，马铃薯晚疫病被农业农村部列入一类农作物病虫害名录。

小麦瘟病是另一种严重危害农作物的小麦病害，由真菌子引发的小麦瘟病是对世界小麦生产构成重大威胁，在过去，这种病只在南美洲流行。2016 年，该病首次出现在亚洲的孟加拉国，可使小麦减产 10%～100%。

（二）林业的瘟疫

松材线虫病是松材线虫病，又称松树萎蔫病，是由松材线虫（学名：Bursaphelenchus xylophilus）引起的，是全球森林生态系统中最具危害性和破坏性的病害，堪称林业的"瘟疫"。早期该病发生在美国、加拿大、墨西哥、韩国等多个国家，松树一旦感染该病，最快的会在40天左右枯死，3~5年内便造成大面积毁林的恶性灾害。松材线虫病于20世纪80年代开始入侵中国香港，当时在香港广泛分布的马尾松林几乎全被摧毁。1982年，松材线虫病在南京中山陵首次被发现，当年死树仅200多株，到1984年累计5万多株，1986年增加到21万株。随后在安徽、山东、浙江、广东等地形成多个疾病中心，我国已遭受此病害侵扰40余年。

根据国家林业和草原局2020年3月发布的《关于2020年松材线虫病疫区的公告》，松材线虫病已在我国蔓延到18个省（区、市）和672个县级行政区，累计死亡6亿多棵松树。黄山、泰山、张家界等景区出现疫情，迎客松、凤凰松、姊妹松、武陵松等世界名松的安全受到了威胁，形势严峻，造成了巨大的经济损失和生态灾难，我国政府把该病害列为二类危险性有害生物。

（三）森林医生

植物的检疫和疫病预防需要人类森林医生和动物森林医生。人类森林医生是一群从事林业安全建设的专业人员，包括植物检疫局的检疫人员、林业防疫站的工作人员、负责林业进出口安全的海关人员、从事林业病虫害防治工作的科研人员。植物检疫工作人员负责调查潜在的感染风险，寻找植物感染的来源和过程，分析可能扩大的区域，确定哪些密切接触者具有潜在的感染风险，以便采取相应措施控制植物流行病的传播和发展。

根据国家林业和草原局《松材线虫疫区和流行树种管理办法》，地方林业主管部门应当建立健全疫情监测和普查机制，制订疫情监测和普查计划，加强松材线虫病疫情监测和调查，定期对辖区内的松树进行日常监测和专项普查。如果在一片大松林中发现几棵松树的树叶变成黄褐色并逐渐枯萎，树干旁边还看到被松褐天牛（又称松墨天牛）吃下的碎屑，这可能是疫情暴发的前兆。林业部

门工作人员一旦发现以上现象，就会提取样本并进行鉴定，如果鉴定结果是松材线虫引发的，将立即向上级报告并划定疫区。乡镇林业工作站应根据现场情况组织当地护林员进行监测和普查，及时报告区域内松树死亡、变色等异常情况。疫区内的所有松树产品和松树苗均不能运输到非疫区。

松材线虫危害极大但因体积很小，没有外力的帮助无法离开松树，因此，它找到了同谋——同时寄生在松树上的松褐天牛，进入天牛甲虫或附着在天牛甲虫表面。每年4月以后，当天牛陆续从寄主松树中钻出，吃附近的健康松树的嫩枝以补充自身营养时。松材线虫便趁机从天牛甲虫给植物造成的伤口进入健康松树的木质部，随后，它们开始大量繁殖，并逐渐移动和传播到整株植物。

植物医生一旦发现感染了松材线虫病的死亡植物，就必须清理林地，砍伐和焚烧病死树木，利用焚烧和熏蒸等方法清除病残植物，使之避免成为新的传染源；并应设置隔离带，有效控制天牛的传播，切断松材线虫的传播途径。若大片松林受害则只能派飞机喷洒杀虫剂，与人工控制相比，飞行控制具有成本低、环境污染轻、运行效率高、控制效果好等优点。

除了利用飞机喷洒杀虫剂来抑制松褐天牛的生长外，还可以利用天牛的天敌来对付它。松褐天牛天敌众多，花绒寄甲就是其中之一，在受害松林中释放花绒寄甲，它会自动寻找松褐天牛，松褐天牛被食用后，松材线虫就无法转移，松材线虫病也就无法传播，达到生物防治效果。

除了花绒寄甲，其他动物也可充当"动物森林医生"来跨界消灭松褐天牛，如松鼠。湖北省一个乡镇在2018年在松林中投放500只松鼠，并将它们放进行控制试验。经过一整年的观察和比较，放置地点周围捕获的松褐天牛数量明显少于无松鼠区域，起到了良好的生态控制效果。2019年，该镇再次引近3000只松鼠，对松褐天牛下达了终极"追击令"。

鸟类也可充当"动物森林医生"的角色，它也是松褐天牛的"天敌"。为有效控制森林害虫，可采取在松树林里悬挂鸟巢的措施，吸引和保护大量食虫益鸟入巢栖息繁殖，鸟类在巢繁殖和孵化期间，会捕食大量森林害虫。大山雀、戴胜、啄木鸟、猫头鹰、麻雀、北红尾知更鸟、灰喜鹊和丝光掠鸟是人工鸟巢最常见的住户，以大山雀为例，人工鸟巢的筑巢率可达70%，在生态环境好、人少的地方，人工鸟巢的使用率较高。大山雀幼鸟在一天内吃掉的害虫总重量，大于其自身的重量。啄木鸟吃得更多，主要捕食天牛、飞蛾和其他害虫，据统计，每只啄木鸟每天可以吃掉大约1500只害虫，活动范围更广，它们这些"森林医生"有效地维护了生态平衡。

综上所述，植物病害的控制不能仅仅依靠杀虫剂应以预防为主，零污染防治、生物多样性和绿色良性循环是森林医生的最高追求。

三、地球之巅的绿色小精灵

约6000万年前，冈瓦纳古陆的印度板块与欧亚板块相撞。这一伟大的地质事件造就了地球上最美丽、最壮阔、最令人敬畏的山脉群——泛喜马拉雅。这片独特的区域由兴都库什、喀喇昆仑、喜马拉雅、横断山区四大山脉组成，拥有不计其数的雄伟、壮观、连绵不绝的雪山，包括全球最高的10座山峰中的9座（含世界最高峰珠穆朗玛峰），以及全球一半以上7000米级的山峰，形成了绝美的地球之巅，是真正的"世界屋脊"。

（一）高山贝母

泛喜马拉雅地区求生欲最强的一种植物——高山贝母（学名：Fritillaria fusca）（图5-9），百合科草本植物，它的花、叶、茎全都长成了石头的模样。贝母是一种非常昂贵的中药材，它的"伪装术"能帮助高山贝母逃脱盗采分子的注意。目前，高山贝母在中国国家标本资源库仅有5份标本，非常珍贵，被列入《世界自然保护联盟红色名录》（IUCN）中，保护级别为濒危（EN）。

图5-9　高山贝母

(二)垫状点地梅

在珠峰的流石滩上,可以轻易找到一种圆圆的石头。如果凑近看这个石头,会看到石头上有很多白色的小花朵。这其实不是石头上面开的花,而是一种植物,叫作垫状点地梅(学名:*Androsace tapete* Maxim.)(图5-10),为报春花科点地梅属下的一个种。它是一种垫状植物,非常矮小,贴近地面,所以不怕风吹,而且它采用"抱团取暖"的方式生存,甚至可以富集流石滩上面的水分和营养物质,为其他更加脆弱的、无法适应流石滩的植物提供一个生存的环境,让它们得以生存。我们把这类垫状植物称为"生态系统的工程师"。

图5-10 垫状点地梅

(三)垫紫草

垫紫草[学名:*Chionocharis hookeri*(C.B. Clarke)I.M. Johnst.](图5-11)属于紫草科垫紫草属,全世界只有一种,也是一种贴地的垫状植物,采用了和垫状点地梅类似的生长策略,它的茎叶还有地下的根都紧紧地聚在一起,密集成了一个半球形,就像抱团取暖,抵抗着低温对生命的威胁。由于生存环境特别寒冷,垫紫草的叶片上面都长满了白色的长柔毛,就像给自己穿上了一件厚厚的毛衣,抵御恶劣的自然条件。垫紫草的花在夏天盛开,给大地铺上了一条绚丽的毛毯。

图5-11　垫紫草

(四) 藏波罗花

在西藏羊卓雍措附近的山坡上，经常能见到一种漂亮的植物——藏波罗花（学名：*Incarvillea younghusbandii* Sprague）（图5-12），为紫葳科矮小宿根草本植物。它在泛喜马拉雅地区很具代表性，在这样贫瘠的环境中可以长出一大片，开出非常大的花朵。因为它埋在土里的根肥大、粗壮、肉质化，可以储存水分和营养物质，等到需要的时候再释放出来。

图5-12　藏波罗花

(五) 乌奴龙胆

西藏亚堆扎拉山上生长着一种不起眼的草本植物——乌奴龙胆（学名：*Gentiana urnula* Harry Sm.）（图5-13），龙胆科多年生草本，它是泛喜马拉雅地

区植物中的"学霸"。它可以通过控制自己叶子的生长方式，呈镶合状排列，将叶子精准地排列为正方形。

图 5-13　乌奴龙胆

（六）黄杯杜鹃及管花杜鹃

在中国美丽的藏南地区有大片的杜鹃花海，黄杯杜鹃（学名：*Rhododendron wardii* W. W. Smith）（图 5-14）、管花杜鹃（学名：*Rhododendron keysii* Nutt.）（图 5-15）等在这里次第开放。英国爱丁堡皇家植物园引以为傲的收藏就是来自泛喜马拉雅地区的杜鹃花。100 多年前，英国人从泛喜马拉雅地区引种了上百种杜鹃花，从此在苏格兰这座著名的植物园里"安家落户"。

图 5-14　黄环杜鹃

图 5-15　管花杜鹃

(七)球果假沙晶兰

球果假沙晶兰［学名：*Monotropastrum humile*（D. Don）H. Hara］（图5-16）跟一般的绿色植物不一样，它通体雪白，甚至是半透明的。因为它不含叶绿素，所以不能进行光合作用，靠吸收林下腐殖质中的营养和水分存活。

图 5-16　球果假沙晶兰

(八)塔黄

塔黄（学名：*Rheum nobile* Hook. f. & Thomson），多年生草本，在泛喜马拉雅地区名气很大，它用苞片将自己的花和果包起来。如果将它的苞片掀开，可以看到里面有非常多的小花。塔黄通过模拟温室来保护自己的花和果，苞片形成一个"小温室"，其内温度要比外面的温度高出好几摄氏度。

当前，泛喜马拉雅植物多样性面临诸多挑战——全球气候变暖导致冰川消融、亚冰雪带植被扩张。只有全面了解泛喜马拉雅植物的多样性组成和现状，才能对其加以保护，让这些植物精灵在地球之巅自在生长。

四、骗子家族——兰花

兰花 (学名: *Cymbidium* ssp.)（图 5-17～图 5-25）是兰科植物的统称，中国人历来把兰花看做是高洁典雅的象征，并与"梅、竹、菊"并列，合称"四君子"。然而就是这高雅的兰花，却是"骗子专业户"，能够骗过比它们高级的动物，从而达到在大自然安身立命的目的。它们不遵守"我出花蜜，你传粉"这个植物社会的经营规范，而是利用靓丽多姿的色彩或是香甜诱虫的气味，将昆虫勾引过来，这些可怜的虫子帮兰花完成传播花粉的工作，还可能得不到任何益处。在植物界，为何兰花"骗子"这样多？这除了兰科植物数量庞大、有750 多个属 35000 多种外，更主要的是它们在长期的进化过程中，花的形状、大小、颜色、结构等方面变化极其多样，具有蕊柱、蕊喙、花粉团和唇瓣等与众不同的奇特结构以适应昆虫传粉，使之成为单子叶植物最先进的类群。我们该如何直观辨识兰花？无论兰花是大还是小，一定有一片叶子特化为昆虫的站台——唇瓣，如我们看到君子兰就知道它不属于兰花，因为它的所有花瓣都一样，没有特化出唇瓣。

图 5-17　春兰

图 5-18　蝴蝶兰

唇瓣

图 5-19　角蜂眉兰

图 5-20　蕙兰

图 5-21　小叶兜兰

图 5-22　长瓣兜兰

图 5-23　蝶兰

图 5-24　飞鸭兰

图 5-25　猴面小龙兰

（一）"感情骗子"——角蜂眉兰

很多植物花朵都是靠蜜蜂、蝴蝶来传授花粉，但角蜂眉兰（学名：Ophrys speculum）用的不是简单的食物诱惑而是性诱惑，以逼真的雌性胡蜂外形及类似雌蜂体香的花香来"诱骗"雄性角蜂，所以人们把它称为植物界的顶级"感情骗子"。角蜂眉兰是一种罕见的兰花，生长在地中海沿岸的草丛中，春天一到，角蜂眉兰就相继开出小巧而独特的花朵。角蜂眉兰拥有圆滚滚、毛茸茸的唇瓣，棕色的花纹，还有两片展开的花瓣，仿佛一双展开的正在飞翔的蜂翅。无论从哪个角度看，外形像极了雌性角蜂。花形长得像动物的植物有不少，但是能把角蜂的外形模仿得如此惟妙惟肖的却不多。角蜂眉兰不仅花形模仿得像，就连气味也很像，它会分泌出类似雌性角蜂的气味。

在花丛中飞舞的雄性角蜂"闻讯而来"，以为那是雌蜂，于是一头钻进了花中，进去之后，才发现"上当受骗"了，在兰花唇瓣上方伸出的合蕊柱上的花粉块，正好粘在了雄蜂的头上。接着，雄蜂又被另一株角蜂眉兰的花朵吸引，飞了过去……花粉就是这样传授的。更绝的是，成功授粉的角蜂眉兰直接变味，散发出一种让胡蜂不爽的气味，闭门谢客。

（二）"玩空手道"的蕙兰

蕙兰（学名：Cymbidium faberi Rolfe）有几种别名，如：九子兰、中国兰等。它的一个茎上通常能开出9朵花，多者可达13朵。大多数诱骗昆虫为其传花授粉的花卉，总得有所付出，给授粉者一点儿好处。然而，蕙兰却不是这样，它既要昆虫为其传授花粉，而自己却一毛不拔。原来，香气四溢的蕙兰散发的气味包含了乙酸乙酯等花朵香气的常用成分，使之成为中华蜜蜂寻找食物的常用路标，然而气味引诱只是一个信号，更具诱惑性的是蕙兰花朵的唇瓣上长满了深色的斑点，那些栗红色的斑点在蜜蜂等昆虫眼里代表有食物，中华蜜蜂像受到酒香勾引的醉汉一样摇摆着冲向蕙兰的花朵，正好中招。

（三）"骗子"的假花粉

小叶兜兰（学名：Paphiopedilum barbigerum）并不能分泌花蜜，然而这些兰花的雌花却具有吸引昆虫的另类高招，这就是产生假花粉，用来吸引以花粉为食的昆虫。它只用一个手段就是颜色——亮黄色的退化雄蕊特别醒目，没有香气，没有斑点，仅仅是黄色就足以吸引来食蚜蝇，因为黄色是成年食蚜蝇（其幼虫是吃蚜虫的）的最爱，它代表了花粉的颜色，特别是雌性食蚜蝇对黄色情有独钟，因为它们要从花粉中补充足够的蛋白质才能生儿育女，小叶兜兰显然，很清楚这一点，在色彩欺骗上做到了极致，只有一个很大的黄色雄蕊，没有多余的颜色和气味标志，看到了这个标志的食蚜蝇自然是心甘情愿地为小叶兜兰效劳力了。

(四)"这儿有蚜虫，快来品尝！"

长瓣兜兰（学名：*Paphiopedilum dianthum* T. Tang et F. T. Wang）是一种附生植物，生长在较高海拔山地的树干或岩石上，是我国仅有的几种多花性兜兰之一，为我国一级保护植物。食蚜蝇是长瓣兜兰的重要传粉者。食蚜蝇是专吃蚜虫的，因而长瓣兜兰投其所好，在花瓣边缘长出一个个貌似蚜虫的黑色突起，甚至连类似蚜虫身上的根根黑毛都长全了，实在是像极了蚜虫。食蚜蝇妈妈能够拒绝花粉花蜜的诱惑，但是它们却无法抵挡下一代的食物对它们的吸引，每个食蚜蝇妈妈都想为孩子准备好足够多的蚜虫，这样当它们孵化出来时，就会有足够的蚜虫供孩子们吃上大餐。结果就是，很多食蚜蝇妈妈都掉进长瓣兜兰的精心设计的陷阱，前来为它传授花粉。

(五)"蛾子，我是你们的好朋友！"

蝶兰（学名：*Phalaenopsis aphrodite*）生活在英国潮湿的沼泽地里，它在贴近地面处生长着两大片椭圆形的叶片，两片叶子中间部位抽生出一根30多厘米长的花梗，在花梗上开着许多白色的花朵。这些花朵在风的吹拂下，就像一只只蛾子在飞舞，从而吸引真正的蛾子飞过来，有到跟前，才觉察上当。但蛾子禁不住美味的花蜜诱惑，便贪婪地吸食起花蜜，并以传授花粉作为对兰花的回报。

(六) 展翅高飞的"丑小鸭"

飞鸭兰（学名：Caleana major）属兰科飞鸭兰属，澳大利亚特产地生兰，又

名卡莉娜兰、澳洲飞鸭兰。花型比较奇特，唇瓣上扬宛若鸭头，外轮的三片花被上部两片反折，仿佛鸭的翅膀，整体造型侧观宛如凌空飞起的小鸭子，非常生动，因此被称为飞鸭兰。飞鸭兰细长的叶子，把绛紫色的花朵衬托得特别显眼，它的外形就像童话故事里的丑小鸭，不用等到变成白天鹅，就能在空中随风起舞、生机盎然。

飞鸭兰像含羞草一样"害羞"，如果遇到风雨、震动等外界刺激，会迅速低下头、蜷缩着、把自己封闭起来，等到环境恢复平静时，它会慢慢抬起头。然而，在传粉季节，飞鸭兰可不会害羞，不像许多植物的花朵只会被动地等昆虫们到来，飞鸭兰则采用一种被称为"拟交配"的方法，以鸭头模拟雌性叶蜂，吸引雄性叶蜂降落，等叶蜂落网后，就迅速关闭唇瓣，把它锁在自己的花瓣里。叶蜂挣扎得越厉害，身上就会沾上越多的花粉，等到花瓣再度开启时，绝佳的传粉道具已经诞生了。随后，这只叶蜂又会被另一朵飞鸭兰套路，等它飞过去，花粉也就成功传播出去了。

（七）猴面小龙兰

在厄瓜多尔和秘鲁的密林中，生长着一种很特别的兰花——猴面小龙兰。猴面小龙兰［学名：*Dracula simia*（Luer）Luer］是兰科小龙兰属小型附生兰，高约40厘米，在自然界4～5月开花，若环境适宜一年四季皆可开花。因它的花朵长了一张酷似猴子的脸庞，表情十分呆萌，被形象地称为"猴脸兰花"，该花有两个怪异特征，即两根长刺和两个长萼。虽然猴面小龙兰看起来像猴子，但它的生物特性更类似于蘑菇。它不仅在"嘴唇"内壁有类似蘑菇的褶皱，而且散发出类似蘑菇的气味，从而吸引以真菌为食的昆虫前来授粉。

五、爬墙高手——爬山虎

我们经常会在小院的墙上或者路过高架桥时，被一道道绿色的墙壁所吸引，尤其在夏天，郁郁葱葱的绿墙给人一种舒适感。这些令人赏心悦目的植物，实际上是我们所熟知的"爬山虎"。爬山虎［学名：*Parthenocissus tricuspidata*

（Siebold & Zucc.）Planch.］（图 5-26）又名爬墙虎，葡萄科地锦属植物，多年生大型落叶木质藤本植物，形态与野葡萄藤相似，春季开花，花色为黄绿色或浆果紫黑色，喜欢潮湿阴冷的环境，但也不惧强光。环境适应能力极强，耐旱、耐寒、耐贫瘠，生命力特别顽强，无论是在阴凉潮湿还是干旱环境下，都可以生长得很好。这个爬墙高手可以利用卷须上的卷曲式黏性吸盘遇到物体便吸附在上面，无论是岩石、墙壁或是树木，均能吸附，可以爬到很高的地方。它占地少、生长快、绿化覆盖面积大，一根茎粗 2 厘米的藤条，种植两年，墙面绿化覆盖面可达 30～50 平方米。因此只要将爬山虎种在小院的墙角，它便会爬满整面墙壁，形成别具一格的"爬山虎墙"，看上去就像通往奇幻森林的门帘，仿佛拉开便能走进神奇的世界。假如在墙角种上一棵爬山虎，不出三五年就可以给房子穿上一层绿色的皮肤，非常美观，是很好的观赏或绿化植物。不仅如此，爬山虎的繁殖能力也非常强，种子和根茎条都能够独立繁殖，遇到土就生根，遇到墙就攀爬，遇到裂缝就钻，很容易泛滥疯长。

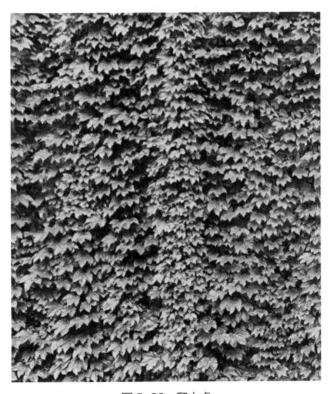

图 5-26　爬山虎

不过，爬山虎虽然表面看起来无害，内里却是"剧毒"，要时刻小心它有毒的汁液和藏匿在其中的毒物。爬山虎的汁液带有毒性，皮肤接触后会发痒、红肿，误食后会引发肠胃痉挛、消化系统混乱，不过，只要不接触或食用基本无害。

爬山虎那非凡的攀爬能力是因为枝条长满类似章鱼的吸盘，可以牢牢地吸附在墙体上，吸盘还会分泌一种酸性物质，这种酸性物质对墙体具有一定的腐蚀作用，尤其是一些石灰墙壁，会出现大面积的墙体脱落，所以爬山虎在一定程度上会对建筑物造成破坏，但是造成的危害对于由混凝土建成的建筑物来说微不足道，相反它能对建筑材料凤凰男刚才很好的保护作用。在雨季时，布满建筑外立面的爬山虎能有效减少雨水的冲刷，同时吸收墙体水分，保持墙体干燥。在旱季时又可以给建筑降温保湿，给墙壁提供了一个保护层，减缓建筑材料的风化。在国外，很多人就专门种植爬山虎来保护城堡墙体。

爬山虎相互攀附形成的绿网，与房屋或路边桥梁等建筑物完美配合，不仅是一道美丽的风景，还担当着"环保卫士"：爬山虎表皮有孔，夏季绿叶茂密，就如同一片天然的生物隔音墙，能够很好地阻拦噪声传播，减少噪声对人的影响。覆盖爬山虎的墙体，有效避免了炎炎夏日的暴晒。同时，爬山虎还具有很强的吸附尘土、净化空气的能力，能够吸附飘浮在空气中的尘土，以及过滤和净化车辆排放的二氧化硫、氯气等有害气体，可有效保护和改善城市环境。

六、绿色星球的模仿秀

生存是一种本能，植物为了能够在自然界激烈的竞争中更好地"活"下来，巧妙地施展着各种独门伪装绝技，以此来躲避天敌的侵犯。"拟态"是植物在长期的进化过程中逐渐形成的一项技能，对其生存和繁殖有重要意义。正所谓"适者生存"，只有适应环境，才能最终得以在艰苦和危险的环境中存活下来。

（一）石头花

石头花（学名：Lithops pseudotruncatella）（图 5-27），别名生石花、象蹄、

元宝等，是番杏科生石花属多年生小型多肉植物，外形酷似卵石，故而得名"石头花"。石花原产于非洲南部非洲沙漠砾石地区，那里的气候极度干旱少雨，经过长期的演变，它们的外形和颜色与周围的生长环境非常相似，我们通常看到的石头花是它的两片对生联结的肉质叶，不像其他大多数植物又薄又大的叶片，这是一种变态的叶器官，和周围半埋在土里的"碎石块"融为一体，是典型的拟态植物，它们的外形、大小、花纹使它们与周围自然环境中的石头几乎一模一样，以防被敌人发现。它们有的像漂亮的雨花石，表面上镶嵌着各种各样的花纹；有的像花岗岩，身上布满了灰棕色、灰绿色和棕黄色的深色斑点，这些"碎石块"不知蒙蔽了多少游客的眼睛，也不知有多少食草动物对它们不屑一顾，如果不是在开花期很难被发现是植物，从而保护自己免受破坏。同时石头花具有抗旱能力，体内有许多细胞像海绵一样能贮存大量水分，当长期得不到水分补充时，它们就依靠体内贮存的水分维持生命。石头花的叶绿素藏在变形的肥厚的叶子里，叶子顶部有专门用于透光的"窗户"，阳光只能从这里照进叶子里。"窗户"上还带有颜色或具有花纹以降低烈日直射的强度。每逢春季和冬季，它们就会绽放出绚丽的花朵，成片成片的石头花成为荒漠中一道亮丽的风景线；而当干旱的夏季来临，荒漠再一次被"碎石块"占领。

图 5-27　石头花

(二) 龟甲草

龟甲草是薯蓣科的单子叶植物，是在非洲南部地区的沙漠中生长的一种相貌奇特的草，在骄阳似火的干旱季节里，它能把自己的茎缩成半球形，表面有

厚厚的、瘤块状的木栓质树皮，形成龟甲般的花纹，整个外形酷似一只乌龟，趴在地上一动不动，似乎没有一点儿生机，非常巧妙地伪装自己，所以当地的人称它为"龟甲草"。龟甲草有如此奇特的形态，是为了在恶劣环境留存营养，护住生存的希望。虽然在干旱季节枝叶因为水分的蒸发而枯死，当雨季一到，就能迅速从龟壳状的茎顶上长出细长的枝条和茂盛的叶子，快速地生长、开花并结果。到了干旱季节，繁茂的枝叶立即枯萎掉落，只留下龟壳似的短茎，短茎在龟甲的保护下，能有效防止水分的蒸发，从而使其生存下来。由于龟甲草具有适应干旱、保护自己的巧妙技能，即使在百日无雨的大旱季节，它也能安然度过，到了下一个雨季，又能再次枝繁叶茂。

（三）金毛狗

金毛狗［学名：*Cibotium barometz*（L.）J. Sm.］（图 5-28）为蚌壳蕨科金毛狗属树形蕨类植物，植株高 1～3 米，体形似树蕨，根状茎粗大，木质，平卧或斜升，露出地面部分布满密密麻麻的金黄色长茸毛，形状像趴在地上的金毛狗头，故称金毛狗。金毛狗蕨植株上金黄色的茸毛，是良好的止血药，中药名为狗脊，伤口流血处，粘上金毛狗的茸毛，立刻就能止住流血。

图 5-28　金毛狗

金毛狗起源于侏罗纪时期，是原始森林中"辈分"较高的植物"活化石"，大部分分布于中国贵州省南部布依族苗族自治州南部的罗甸县（与广西接壤），是酸性土指示植物。由于当地近年来自然生存环境破坏严重，加之过度采挖，野生资源日渐枯竭，金毛狗属国家级濒危珍奇植物，被列为国家二级重点保护野生植物。

(四) 鹦鹉花

在泰国和缅甸的森林里，有一种叫鹦鹉花的植物。鹦鹉花 (学名: *Impatiens psittacina* Hk. f.) (图5-29) 是凤仙花属的一种奇特的小草本植物，大约8~9月开花，它的花蕾圆墩墩的，还有一张尖尖的小嘴儿，活像一只俏皮灵动的鹦鹉。鹦鹉花颜色丰富，有紫色、白色、棕红色、深粉红色、红白混合。花朵形态结构很特殊，其中有一个花萼形成囊状，并在尾端拉长成细管状，这细管子称为"距"，因为囊常常横向膨大，使花的开口歪向一边，有5个独立不等的花瓣，花瓣与花萼 (主要是花瓣) 长在开口周围形成花边，配上囊的形状与"距"，侧面的形状很像一只昆虫，花的开口就像昆虫的头，囊就是腹部，整朵花的构造正适合某种形态的昆虫钻进去吸花蜜，顺便起到传粉的作用。它的种子会通过果实裂开的弹性弹出和传播，如果你不小心触碰到鹦鹉花成熟的荚果，果壳就会突然裂开，弹出种子。

该物种因为其珍贵的特性，在世界各地均没有引种栽培的记录，泰国政府为了保护这种植物明令禁止将其偷运私带出境，所以想要看鹦鹉花还得到它的家乡去看才行。

图5-29　鹦鹉花

(五) 碧光环——"土生土长"的小兔子

碧光环 (学名: *Monilaria obconica* Ihlenf. et Joergens.) (图5-30) 是分布在南非的番杏科碧光环属植物，碧光环叶子呈半透明，富有颗粒感，非常可爱，而且具有枝干，群生。秋季新长出来的碧光环，满脸写着可爱，一个个圆圆的小脑袋，上面还顶着肉嘟嘟的"兔耳朵"，简直就像是一群土里长出来的"小兔子"。"兔头"其实是碧光环的嫩茎，"兔耳朵"则是它两片对生的叶子，由晶莹剔透的泡状细胞组成；如果在15~25℃适宜的生长温度下再长一段时间，"小

兔子"就会变成"疯狂的兔子"，一对"耳朵"长得很快，要么变成恨天高，要么耷拉下来；当温度超过35℃时，整个植株就会慢慢枯萎，直接进入休眠状态，仿佛刚被打回原形的妖怪，真可谓岁月是把"杀兔刀"。当秋天慢慢来临，温度降低到25℃左右，它们又慢慢地苏醒了，兔耳朵又会重新冒出来。

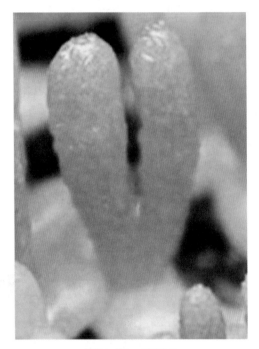

图5-30　碧光环

(六) 毛叶猫尾木——时而是鸟，时而是猫

毛叶猫尾木 (变种) [学名：*Dolichandrone stipulata* (Wall) Benth et Hook f var kerrii (Sprague) CYWu et WCYin] 是紫葳科猫尾木属植物，分布在我国南方和东南亚某些地区。它与原变种西南猫尾木 (原变种) 区别在于：小叶片较小，顶端常钝或短渐尖，背面或有时两面被黄锈毛，毛不脱落或脱落甚少。

毛叶猫尾木有两种不同的卖萌姿势。花序、花苞、苞片和萼片都披着淡黄褐色的软毛，在花朵未绽开时，它的花萼看起来像一群毛茸茸的黄褐色小鸟站在树梢上，眼睛和嘴巴栩栩如生，似乎还打着小领结，看上去乖巧可爱。但如许多紫葳科植物一样，毛叶猫尾木的花夜开晨落，白天看到的花呈淡黄色，皱巴巴的，已经不是最好的状态；花谢后不久，细长的果实就从花萼中冒出来，形似毛茸茸的"猫尾"，长度可达 60 厘米，或悬垂，或卷曲，尾端顽皮地翘起，表面覆盖褐色茸毛，仿佛藏在树上的猫露出了小尾巴，悬垂的"猫尾"在风中摇摆，很像一群猫儿钻进树林，只以尾巴示人，非常可爱。

虽然毛叶猫尾木的花和果实看起来萌萌的，但它的植物体可是高大能长到 10 多米高的乔木，而且浑身是宝。它不仅外形美观，颇具观赏价值，而且可以作建筑、家具用材。毛叶猫尾木的花和果都能吃：当地人通常会把摘下的花用开水焯一下，然后加入调料炒熟食用，只要几朵就管饱；它的鲜嫩果实只要刮掉茸毛，洗净后可以直接生吃。

七、绿色星球的"小强"

（一）日本虎杖

"小强"——蟑螂是一种生命力极强的动物，即使被捕杀到没有头，也依然可以存活一个星期。植物界也有类似顽强生命力的"小强"——日本虎杖。日本虎杖（学名：Fallopia japonica）（图 5-31），是一种蓼科杂草，茎多汁像甘蔗，又类似竹子一节一节且有中空，高高的像根拐杖，而表皮红色具有斑点像老虎皮，所以叫虎杖。顽强的生命力源于它原生于火山口附近，火山口的环境恶劣，土壤营养缺乏。

该物种 19 世纪 50 年代被作为观赏植物引入英国，由于它容易成活，长相也讨人喜欢，而且不用打理就可以形成一道美丽的风景线，所以被多家植物园引种，甚至一些私家花园也纷纷种植，谁也没想到它会成为英国人百年噩梦的开始，创造了一个生物世界的可怕"奇迹"。1905 年，英国一位园艺工作者发现了日本虎杖疯狂生长的态

图 5-31 日本虎杖

势，从而提出警告，但日本虎杖的疯狂生长和破坏已经控制不住了。即使是碎叶片，只要沾上一点儿土就可以继续生长，而且不怕水，碎叶片可以顺着河流或者小溪漂到下游继续生长，一经落地，它们可以迅速蔓延成一道无法穿越的绿色"铁丝网"，要想消灭它们，必须将枝、叶、根全部拔除并烧毁，才能防止扩散。可是日本虎杖的根系非常发达，它的根系可以深入地下5米，并能向周围扩散7米，很难拔干净，没拔干净的根系可以在土壤里潜伏10年以上，遇到合适的机会又会重新从地下钻出来，几个月后，又长成一堵"疯狂的绿墙"……如此疯狂的生长给其他生物带来了一系列的生态灾难："身材"高大的日本虎杖挡住了阳光，占据了其他本地植物赖以生存的土地，导致树木少了，鸟类少了，甚至连河里的蛙鱼也减少了……

日本虎杖以强大的穿透能力成为公路、桥梁、防洪堤等地方的"头号杀手"，它能从柏油马路、地砖、水泥板、砖墙等各种地方钻出来，并依靠其强大的根系来撑大裂缝，最终对建筑物造成破坏。因此，伦敦奥林匹克体育场在动工之前花了很多精力去除场地周围的日本虎杖，以免造成麻烦。

难道世界上没有什么东西能治得了日本虎杖吗？答案是否定的。日本虎杖的天敌是生活在日本本土的一种木虱，这种木虱并不能直接吃掉日本虎杖，而是像蚜虫一样吸吮其汁液，同时在日本虎杖上大量繁殖后代，从而达到控制日本虎杖数量的效果，但对其他植物却无害。所以，英国当局打算投放更多的木虱，但按照木虱的攻击速度，一般要5～10年才能大致看到成效。

日本虎杖在中国也是有的，主要分布在江苏、江西、山东、四川等地。日本虎杖撕掉表皮可以直接吃，口感有点酸，所以当地人也叫"酸筒杆"，也可以炒着吃，它的根状茎有很好的活血和散瘀等药用价值。中国有日本虎杖的天敌——木虱，所以日本虎杖在中国没有泛滥成灾。

（二）加拿大一枝黄花

加拿大一枝黄花（学名：*Solidago canadensis* L.）（图5-32）是桔梗目菊科的植物，又名黄莺、麒麟草。它并非新面孔，据《中国口岸外来入侵植物彩色图鉴》记载，它早在1926年就作为观赏植物引入中国，已经快一百年了，引入之初人们觉得这种植物花形色泽亮丽，常用于插花中的配花，后来才发现这东西长得太快、太顽强，控制不住，1980 年前后，加拿大一枝黄花已经在全国快速扩散。

图 5-32　加拿大一枝黄花

　　加拿大一枝黄花的危害主要表现在对本地生态平衡的破坏和对本地生物多样性的威胁，这一方面是由于它具有强大的竞争优势，种子随风传播和根状茎横走传播，而且能随土壤传播，在城乡荒地建房挖出的土壤运到哪里，加拿大一枝黄花就生长到哪里，这些特点使它对所到之处的本土物种产生严重威胁，使当地成为单一的加拿大一枝黄花生长区；另一方面是由于它的根能分泌一种物质，这种物质可抑制包括自身在内的草本植物发芽。

　　加拿大一枝黄花能够入侵的原因在于场地上原有的植被已经遭到铲除，这才给了其可乘之机，那些长有原生植被或者成熟次生植被的地方，鲜有加拿大一枝黄花的踪迹。原生生态先被破坏了，才会长出加拿大一枝黄花，或许可以把加拿大一枝黄花当作生态环境破坏的"指示生物"，而不能说是加拿大一枝黄花破坏了生态环境。那么，要根除加拿大一枝黄花，实际上就是治理已经被破坏的生态环境。只是挖挖草的话，很可能会治标不治本，可供加拿大一枝黄花生长的土壤仍然存在，简单割除地上部分也不起作用，因为留在地下的根茎来年还可能会生长。

　　普通人不借助工具和一定的技巧，也很难做到"根除"加拿大一枝黄花。所以说，最适合我们普通人的做法还是"求助"，可以向当地 12345 或向当地林

业部门、住建部门、农业农村部门提交加拿大一枝黄花的目击报告，留待专业人员前来进行无害化处理。最重要的是，我们必须要保护好原生植被、原生生态，不给加拿大一枝黄花插足的余地。原生植被、原生生态就是防御加拿大一枝黄花入侵的最好绿色城墙。

八、别样的信息传递员——菟丝子

　　菟丝子（学名：*Cuscuta chinensis* Lam.），别名豆寄生、黄丝、黄丝藤、金丝藤等，旋花科菟丝子属植物，一年生寄生草本，没有根也没有叶片，没有或者只有非常微弱的光合作用，通过茎缠绕在寄主上并产生大量吸器而获取营养，从而被认为是一类全寄生植物。人们通常认为寄主植物具有危害性，园林植物受其缠绕而生缢痕，轻则影响植物生长和观赏效果，重则致植物死亡。殊不知，菟丝子有时还可以间接保寄主植物护，因为一株菟丝子常常能够同时寄生在多个邻近的寄主上，不同的寄主在菟丝子的联络下，形成了"信息交流网络"，在这个"信息网"中，菟丝子起到了"通信渠道"的桥梁作用，能够帮助不同寄主之间建立起抗虫防御的"联盟"。当昆虫取食一个寄主的时候，这个寄主能够发出一个信号，这个信号不仅可以诱发被取食植物自身的抗虫性，还可以通过菟丝子将抗虫信号传输给其他的寄主植物，从而提高这些尚未被取食植物的抗虫能力。那这个信号是靠什么传播呢？原来是一种叫作茉莉酸的植物激素在这个"交流"过程中起到了非常重要的作用，它能将这种信号传递给至少1米远的寄主，并诱导抗虫响应。

九、会行走的植物

　　在人们固有的观念中，动物会因为繁殖、觅食等各种原因而行走、迁徙，植物则是扎根于固定的土地上，除非人为挪动，否则永远处于"静止"状态。但是，在大自然中确确实实存在着一些可以"行走"的植物。如同动物行走外出觅食一样，面对大自然，植物也有自己的运动哲学，每一种会行走的植物都是在寻求更多、更好的生存机会，或者借助风力传播种子，寻找最佳"落脚地"，或者凭借自身构造移动，以获得最好的生存环境。

(一) 步行仙人掌

南美洲秘鲁的沙漠地区生长着一种会"走"的植物——步行仙人掌，它能将自己的根系当成腿和脚，慢慢地向别处移动身体。步行仙人掌属于仙人掌科、仙人掌属植物，但这种仙人掌不同于一般的仙人掌，它的根是由一些带刺的嫩枝组成的，能随风在地面上移动，任由风带向远方，这种随遇而安的特性实际上是它适应于沙漠生存的本领。沙漠本来荒凉贫瘠，缺少水分，这种仙人掌为了觅取自身需要的水分和养料，以便维持生命，当在某一地区生活不下去的时候，只好随风一步一步地移动；当遇到适宜的生活条件时，再停下来，用它那些软刺构成的根，吸取水分"安营扎寨"，继续生长。步行仙人掌需要的营养大部分可以从空气中获取，所以它可以在短时间内离开土壤而不死。

(二) 草原流浪汉——风滚草

草原上同样生活着会动的植物。秋天，草原上的植物渐渐枯黄了，你可以看到很多草球在草原上随风四处滚动，这就是风滚草，被称为"草原流浪汉"。风滚草 (学名: *Salsola tragus* L.) (图5-33)，又叫俄罗斯刺沙蓬，是一类有相似习性的植物的统称，一年生草本，高10～100厘米，半灌木或灌木。风滚草是

图5-33 风滚草

草原上独特的神奇植物，每年深秋季节干旱来临时，风滚草靠近地面的茎部就会变得非常脆弱，风一吹就很容易折断，将根从土里收起来，把枯叶蜷缩成"圆球"随风滚动。在戈壁的公路两旁侧，起风的时候经常可以看见它们在风中滚动。那是一种生命力极强的植物，无论怎样它们都不会枯死，总有一天它们会找到适合自己生长存的环境，然后冒出新芽，开出玫红色或淡紫色的花。

植物学家经过观察研究发现，这些滚动并不是"无效运动"，而是它们在借助风的力量传播种子。风滚草的果实底部藏着许多又小又轻的种子，在滚动过程中，它们不断与地面摩擦和碰撞，使种子脱落并落入土壤中。一棵风滚草就好比一台天然播种机，每次的滚动都能在沿途留下种，就这样种子被传播到草原的各个角落，这就是风滚草的智慧吧！

(三) 九死还魂草——卷柏

卷柏 [学名: *Selaginella tamariscina* (P. Beauv.) Spring] (图 5-34、图 5-35)，是卷柏科，卷柏属土生或石生复苏植物，这是一种生活在南美洲的奇特的、会走路的植物，被称为遇水而安的迁徙者。由于其抗旱性强，长期干旱后，只要根系浸泡在水中，就可以再次伸展，因此又名九死还魂草。

图 5-34　有水环境中的卷柏

图 5-35　缺水环境中的卷柏

植物对水分的需求量比对其他养料的需求大得多，因为植物吸收的养料大部分被作物保存下来，而植物通过根系吸收的水分，只有约 1% 被植物体利用，99% 以上的水都通过蒸腾作用散发到大气中去了。例如，一株玉米在它的一生中要消耗 200 千克左右的水卷柏的生存也需要足够的水分。当水分不充足时，它会将把根从土壤中拔出，使整个身体蜷缩成一个圆球，只要稍微有点儿风，轻盈的圆球就会随风滚动，一旦滚到水源充足的地方，圆球就会迅速打开，并将根重新钻入土中，展开成原来的状态，在此安营扎寨。当水分再次不足时，它会再次"拔腿就滚"，继续寻找充足的水源。

为了探究卷柏的生存奥秘，一位植物学家对卷柏做了这样一个实验：用挡板圈出一片空地，把一株卷柏放入空地中水分最充足处，卷柏便扎根生存下来。几天后，空地水分减少，卷柏便"抽身"准备换地方。可实验者挡住了它的所有去路，无奈之下，卷柏又在那里重新扎根生存，经过几次将根拔出却又动弹不得的情况下，它便再也不动了，后来根便深深地扎入土壤中，而长势比任何一段时间都好。

九死还魂草这种非凡的"还魂"技能，奥秘全在于它的细胞能够"随机应变"。当干旱来临时，它的全身细胞都处于休眠状态，几乎停止全部的新陈代谢，如同死去一般；得到水分后，全身细胞就会重新恢复正常生理活动。其实，九死还魂草的这种本领也是受环境所迫它生长在向阳的山坡或岩石裂缝中，那里土壤贫瘠，蓄水能力很差，它的生长水源几乎全靠雨水。为了能在久旱不雨的情况得以生存，它被迫练出了这身"本领"。

民间将九死还魂草用于止血等用途，等将它全株烧成灰，内服可治疗各种出血症，和菜油混合外用，可治疗各种伤口。卷柏除药用外还有观赏价值，卷柏姿态优美，栽培容易，耐瘠薄，通常不需施肥，盆栽或配置成山石盆景观赏。园林中多用于假山、山石护坡上栽培。

十、树干上会长果实的植物

（一）菠萝蜜

我们通常看到果树是在枝条上结果，但是当菠萝蜜结果时，让我们惊奇的是一个个硕大的黄色的果实长在粗粗的树干上。菠萝蜜（学名：Artocarpus heterophyllus Lam.）（图5-36），是桑科、波罗蜜属的常绿乔木，菠萝蜜高大，树

干通直，枝叶茂密而伸展，像一把撑开的
巨伞，产果量多，果奇特，是优美的庭荫
树和行道树，起到遮阴及观赏的双重效果。

菠萝蜜花期2～3月。花雌雄同株，花
序生老茎或短枝上，果期在6～8月，每个
黄色的大果里面由一个个小果聚集而成，
成为聚花果。聚花果呈椭圆形或球形或不
规则形状，长30～100cm，直径25～50cm，
幼时浅黄色，成熟时黄褐色，表面有坚硬
六角形瘤状凸体和粗毛。菠萝蜜是热带
水果，也是世界上最重的水果，一般重达
5～20千克，最重的超过59千克。

菠萝蜜栽培过程中，温度是最重要的
环境因素，菠萝蜜能够开花结果所需的温
度条件是：年平均气温≥22℃、最冷月平
均气温≥13℃、绝对最低温>0℃。菠萝

图5-36　菠萝蜜

蜜在有充足的水分、年降雨量超过1200mm的地区生长较好。它的根系能深深
地扎入土中，相当耐旱，但仍需注意防旱保湿，尤其是秋冬季节为了保证它的
正常生长，最好采取灌溉措施。菠萝蜜要求阳光充足，但又相当耐阴，幼苗更
忌强烈阳光，所以可以种植在荔枝、龙眼、黄皮、香蕉和大蕉间种，适当合理
密集种植，留下更多的营养枝。菠萝蜜对土壤要求不高，多数土壤都能适应其
生长，但肥沃、潮湿、深厚的土壤是最好。菠萝蜜种植在村边、房前屋后、道
路两旁、公园、城镇等地方都生长得很好，枝叶茂盛，产量高，品质好，既可
美化环境，又可以获得比较高的经济效益。

菠萝蜜果虽然好吃，但在吃的时候也要多加注意，以防出现过敏的现象。
因此在吃菠萝蜜之前，最好是将黄色的果肉放到淡盐水中浸泡几分钟，这样不
仅能减少过敏的出现，而且还能让菠萝蜜的果肉更加新鲜。还需注意的是，蜂
蜜不要和菠萝蜜一起吃，菠萝蜜水分少，糖分很多，如果和蜂蜜一起食用的话
会相互反应生成一些气体，造成饱腹、胀气等症状，还会引起腹泻，如严重会

导致死亡。

菠萝蜜树材质略硬而轻，色泽鲜黄，若是上百年的菠萝蜜树，木质为金黄，纹理细致美观，百年不腐，白蚁不近，是上等的家具用材，也可作黄色染料。老树常有板状根，树根可制作成珍贵木雕。

(二) 树葡萄

嘉宝果这种植物的果实长在树干上，它的外形非常像葡萄，所以被形象化地称为树葡萄 (图 5-37)。嘉宝果 [学名: *Plinia cauliflora* (Mart.) Kausel] 是桃金娘科树番樱属植物，主要生长在南方，是热带地区的一种果树。嘉宝果不属于我国的本土水果，是 20 世纪 60 年代开始引入栽培的一种水果，它跟葡萄的味道有很大的不同，嘉宝果味道独特，味似香芭乐、山竹、凤梨、释迦等多种口味，所以吃一口嘉宝果能同时体验至少 4 种不同的口味。

嘉宝果属于常绿灌木，一年之中呈现常绿态，树高 4～15 米，枝梢分枝与成枝能力较强，树姿开张，体形妖娆，树冠为自然圆头形，树皮细薄，呈灰白色或浅褐色至微红色，具有缓慢脱落特性，果实采收后至萌发新芽期间，老旧树皮会呈薄片状脱落，脱落后留下亮色斑纹，可以称之为是十分罕见难得的自然优美树种。

嘉宝果的果实密密麻麻，结的非常多，但是它可是生长好多年才开花结果的。嘉宝果成长缓慢，生长周期长，如果是刚栽好的树苗，需要等到 5 年以后才开始结果；如果是借助其他树木嫁接或者扦插的方式，大概 3 年就会成熟结果，但这种栽培方式成活率低。刚结果时，树干上的果很稀疏，数量有限，一般要等到 10 年才进入盛果期。成熟的嘉宝果树一年中通常可开 4 次花，结 4 次果，在原产地和我国台湾，嘉宝果每年最多可开花结果 6 次，平均每 2 个月产果一次。开花季节主要集中在 3 月、6 月、8 月和 10 月，与之对应的采摘期分别是 5 月、7 月、10 月和 12 月。花簇生在主干和主枝上，有时也长在新枝上，花小，白色，多

图 5-37　树葡萄

数为雄蕊，顶着淡黄色的小花粉，散发出阵阵清香。花落后，小幼果三五成群地探出头，果实呈球形，从青变红再变紫，最后成紫黑色。成熟之后的果实就好像一粒粒闪亮光洁的黑色珍珠挂在果树上，非常漂亮。果实直径1.5～4厘米，果皮外表结实光滑，果肉多汁半透明，每个果实有1～4颗种子。四季变换交替，在同一株树上果中有花，花中有果，熟果中有青果，可以说是花果相依，这种奇特的熟果、青果和花共生的景观实在令人惊叹，具有极佳的观赏效果。

在完全成熟条件下，嘉宝果果实一般呈半透晶状，口感非常软绵，富含甜甜的汁液，非常好吃，甜度约为11～15度。此外，据报道嘉宝果富含含有人体所需的蛋白质、糖、膳食纤维、维生素B和锌元素等多种营养元素，有良好的营养价值，可以满足人们日常生活中对水果成分低糖、低脂的要求，对人体健康十分有利。

十一、种子玩家

在世界各地的植物群落中，种子植物是最出类拔萃、最为高等的类群，种类最多，分布最广。尽管种子植物的种类很多，但它们都能够产生很多种子，利用种子进行繁殖。在竞争激烈的自然界里，植物们为了传播种子、繁衍后代，每种植物都有让自己的种子"旅行"的特殊本领。有些植物以鲜美、香甜的果实引来动物吃掉果实，动物带着不易消化、却容易被排出的种子，去往更远的地方繁衍……这些都是种子传播的智慧。植物以各种各样的方式让种子去往远方，扩大种群分布的范围，避免了植物亲代与"子女"争夺阳光、空间和养料，增加后代繁殖生长的机会。

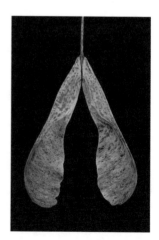

图5-38　翅果

（一）长翅膀的果实或种子

有些植物的种子可以在风的助力下，乘风飞行到远方，如槭树。槭树（学名：Acer miyabei）是槭树科槭属树种的泛称，其中一些俗称为枫树。槭树的种子外包被果皮，果皮延伸成翅状，这种果实类型被称为翅果（图5-38），通常是一果长一翅，两果并生，就像是长了一对翅膀，翅果的形状使果实可以借助风力飞行，像极了无人驾驶飞行器，可飞到离母树很远的地方，落地时如竹蜻蜓般螺旋而下，姿态十分优美。

　　还有一类长翅膀的种子，常见的有松属植物的种子。松属植物在很多小区、公园都有种植，在松树下很容易就能发现松果（图5-39），但看到的松果几乎都是空的，找不见一粒松子。原来长在松果里的每颗小种子的身上都有一层薄片，像翅膀一样，每到松果成熟时，松果的鳞片就会打开，这时风一吹来，藏在小片片里的种子便随风飞翔，到远方生根发芽了。

图 5-39　松果

(二) 弹射的种子

　　在《植物大战僵尸》这款游戏中豌豆射手的设计创意最初就来源于豌豆本身，在它还未成熟时，所有的种子都挤在豌豆荚里，随着豆子的成熟，豆荚被撑得圆鼓鼓的，如同豌豆射手嘟着圆圆的嘴巴，"房间"也越来越拥挤，趁着"房间"的挤压力，一颗一颗豆子被挤压喷射出来，种子们便一个个跳向了舒适宽阔的大自然，当然这不是把种子当作"武器"打僵尸，而是为了传播后代。

1. "植物射手"——喷瓜

　　喷瓜［学名：*Ecballium elaterium*（L.）A. Rich］（图5-40）是葫芦科喷瓜属植物，蔓生草本，果实长得像大黄瓜，苍绿色，长圆形或卵状长圆形，长4～5

厘米，宽1.5~2.5厘米，粗糙，有黄褐色短刚毛，两端钝，它的种子不像常见的瓜果那样埋在肉质化的瓜瓤中，而是浸泡在黏稠的浆液里。随着果实的渐渐成熟，包裹着种子的多浆组织会慢慢变成黏性液体并充满整个果实。随着果实内黏性液体的增多，压力随之增大，当大到超过果柄的承受力时，果实便脱离果柄直接跌落地面，落地的瞬间，种子会随着果皮内的黏液立刻从果柄脱落的洞口喷射出来，射程可达五六米远，新的生命因此散播到四面八方，这就是喷瓜名称的由来。喷瓜喷射的场面犹如炮弹出膛，所以也被人们称为"铁瓜炮"。但需要注意的是，喷瓜中的黏液是有毒性的，不可以接触皮肤或者眼睛。

图5-40　喷瓜

2. 炸弹树

炸弹树的中文名是葫芦树 (学名：*Crescentia cujete* L.) (图5-41)，又叫铁西瓜，为紫葳科，葫芦树属的常绿小乔木，高5~18米，为典型的热带雨林"老茎生花"植物。因为结出的果实会爆炸，所以又被人们称为炸弹树，主要分布在美洲的热带地区，在我国的海南、福建、广东、台湾等地方也可以找到。它是一种观赏植物，树木的叶子一年四季都是绿色，只在春天和夏天开花，6~7个月的时间都会结有果实，成熟的果实跟普通的柚子差不多大，只是果皮特别坚硬，甚至比椰子皮还要硬许多。每当果子成熟时就会自动爆炸裂开，杀伤力很大，就像小型的手榴弹。再加上果皮本身就特别坚硬，飞出去的碎片都能把小鸟、小鸡杀死，因此被称为"炸弹树"，每当果实成熟的时候，人们会在树附近发现一些鸟类的尸体。

炸弹树的果实虽然长得很像西瓜，但是并不像普通的西瓜一样可以食用，它果皮坚硬，果肉呈黏稠状，有异味，口感不良，但能提供独特的观赏价值，所以近年来越来越多的人将这种植物用于园林景观。需要注意的是，它会以自动炸开的方式传播种子，所以即将成熟的炸弹果需脱色处理，避免不必要的伤害。炸弹树果实的外壳很坚硬，很多人都把它挖空当作作水瓢来舀水。已有的报道表明炸弹树分泌的汁液含有大量的烃类化合物，可以当作汽油来使用。

图 5-41　炸弹树的果实

(三) 搭 "霸王车" 的苍耳

苍耳 (学名：*Xanthium strumarium* L) (图 5-42) 是菊科苍耳属一年生草本植物，高可达 90 厘米。因为苍耳的果实上有倒钩，很容易黏附在人或动物身上，然后借助人和动物掉落到其他地方生根发芽。苍耳的种子主要以黏附方式进行传播，所以被人戏称为搭 "霸王车"。

图 5-42　苍耳

(四)乘风破浪的航海家——椰子

椰子是棕榈科椰子属植物所结的果，外果皮薄，中果皮厚纤维质，内果皮木质，像是为种子准备了"巨大"的行囊，层层铠甲，用近乎完美的"包装"让种子们可以乘风破浪，远渡重洋，甚至跨越大陆板块，开辟新的家园。亿万年来，它们使许多孤绝岛屿都生满了椰树，凭的就是裹在能兔水的硬壳里越洋的本领。松软轻盈的外果皮使椰子能漂浮在海上，使之漂到更远的地方，而木质化坚硬的中果皮使种子能在海水的高盐环境中安然无恙，椰子便可乘风破浪到达各处萌发生长，包括一些人烟罕至的地方，比如海底火山喷发新形成的海岛。

(五)世界上最大的种子和最小的种子

1.世界上最大的种子——海椰子

海椰子，是海里的椰子吗？或者它是椰子的亲戚？海椰子虽然有个"海"字，但它并不生长在海里。其实海椰子和椰子是两种完全不同的植物，海椰子是棕榈科巨籽棕家族植物，而椰子是棕榈科椰属植物。海椰子是雌雄异株植物，只有雌树才会结果。

海椰子［学名：*Lodoicea maldivica*（J.F.Gmel.）Pers.］（图5-43），是世界三大珍稀植物之一，全世界现仅存在于非洲东部塞舌尔群岛的普拉兰岛。海椰子的果实横宽35～50厘米，外面有一层海绵状的纤维质外壳，里面坚果状的部分通常为两瓣，一个果实可重达25千克。其中坚果有15千克，是世界上最大的坚果，被称为"最重量级椰"，是世界上最大的植物种子，海椰子的种子外形非常奇特。

图5-43　海椰子种子

除了特殊的形状和出奇的大之外，海椰子的种子还有一个典型特征，那就是"慢"：雌花在受粉后2年才能结出果实；果实需在树上生长8～10年才能成熟；果实成熟掉落地面后，需要2～3年才能萌发，长出胚根；待3～4年后才能长出真叶，之后每年只抽出一片新叶；15年后开始长出树干，直至25～40年才开花结果。而一枚果实通常仅能收获两三粒种子，海椰子种子也因此更加珍稀。海椰子作为生物进化遗留下来的活化石，因其稀有奇特而弥显珍贵，1983年海椰子被联合国教科文组织列入《世界文化与自然遗产保护名录》和《世界自然保护联盟濒危物种红色名录》(IUCN 2007年3.1版)——濒危(EN)。

2. 世界上最小的种子——斑叶兰种子

斑叶兰(学名：*Goodyera schlechtendaliana* Rchb. f.)(图5-44)是兰科斑叶兰属多年生草本植物，它的种子如尘埃一般，可能是肉眼都没办法看见的，最小的仅长0.01毫米、宽约70微米，凭借显微镜才能看清楚它的真面目。和海椰子相反，它的重量也是世界上最轻的，打个比方，1亿粒芝麻约重400千克，而1亿粒斑叶兰种子才50克左右，斑叶兰种子是芝麻种子重量的万分之一，是海椰子重量的百亿分之一。

显微镜下可以看到斑叶兰种子构造非常简单，种子呈管状，细如丝；表面只有一层薄而防水的棕色透明种皮；内部无胚乳，仅在中部有一个尚未分化的球形胚，两端为长长的空腔，所以它的生命力不强，容易夭折，为弥补种子质量不高的问题，斑叶兰会产生出数量惊人的种子，通常一个蒴果内的种子就数以万计，这是其靠数量取胜的一种繁殖策略。斑叶兰只有舍弃了胚乳，植株才有营养来生产更多种子，而且种子也才能有效减轻重量，靠风广泛传播。斑叶兰种子长成管状，并在两端形

图5-44　斑叶兰植株

成长长的空腔，于种皮表面形成蜂巢状纹饰，才能具有较大空气浮力，轻易就能借上升气流和风进行长距离扩散，不仅广泛覆盖母株周围的适宜生长点，还能不断向外扩散，拓殖新的分布点。此外，斑叶兰一端开口、一端封闭的构造，有助于胚吸水萌发，并与共生真菌产生联系。

海椰子和斑叶兰种子倒是有一个共同点，那就是太稀有了。因为斑叶兰的种子构造非常简单，只有一层薄薄的种皮和一个尚未分化的胚，所以它的生命力太弱了，容易死亡。而且因为斑叶兰种子实在是太小了，难以由种子萌发来繁殖，通常只能分株繁殖，使得斑叶兰的数量稀少而珍贵，已被列为国家二级保护植物。

第六篇

绿色星球中的杀手

大自然生机勃勃，"物竞天择，适者生存"的大自然法则造就了生物各式各样的生存本领。你可曾想到，这些看似人畜无害的植物也许暗藏杀机。这类植物有专门的构造器官来杀死、吞食昆虫；或以体内的毒素作为武器，应对来自外界的危险，目前为止，人们已发现了几千种有毒的植物。

一、爬上食物链顶端的绿色精灵——肉食植物

牛吃草、兔子吃青菜等"动物吃植物"的现象是大家习以为常的，但是"植物会吃动物"吗？答案是肯定的，当然不是草吃牛或者是青菜吃兔子，而是草吃虫，即很小的草吃更小的动物。

在生物学上，具有捕食昆虫能力的植物均被称为肉食植物。为什么会有肉食植物呢？是因为肉好吃吗？当然不是，肉食植物多数生长在土壤贫瘠或者阴暗潮湿的地方，由于自身无法吸收和光合足够的养分，因此需要通过捕捉昆虫等小动物来提供生长所需的养分，这是物竞天择的奇特结果。肉食植物的样子很可怕吗？不会，它们会设下"美人陷阱"，让"虫见虫爱"；或以美食来诱虫进入它设下的陷阱，让我们来认识一下它们吧（图6-1～图6-9）！

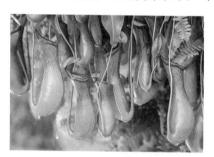

图6-1　猪笼草

图6-2　捕蝇草

图6-3　眼镜蛇瓶子草

图6-4　茅膏菜

图6-5　锦地罗

图6-6　捕虫堇

图6-7　狸藻

图6-8　挖耳草

图6-9　小白兔狸藻

(一)猪笼草

猪笼草［学名:*Nepenthes mirabilis*(Lour.) Druce］是猪笼草科猪笼草属植物,叶一般为椭圆形,末端有笼蔓,以便于攀缘;笼蔓的末端会形成一个瓶状或漏斗状的捕虫笼,并带有笼盖,其形状像猪笼,猪笼草因此而得名。猪笼草是最为人熟知的捕虫植物,擅长借助独特的捕虫笼结构捕食昆虫。猪笼草的每一张

叶片都只能生长一个捕虫笼，若捕虫笼衰老枯萎了或是因故损坏了，原来的叶片并不会再长出新的捕虫笼，只有新的叶片才会长出新的捕虫笼。在笼盖打开前，捕虫笼上就已出现了其特有的颜色、花纹和斑点，捕虫笼的笼盖具有蜜腺，能分泌香味，引诱昆虫；笼口光滑，昆虫易滑落到笼内陷井，此时会盖上笼盖以阻挡上部射入的光线，以迷惑落入笼中的昆虫，使其找不到出口；笼体具有消化腺等结构，能分泌液体将虫淹死，并分解虫体营养物质，我们若打开捕虫笼会看到里面被消化了的昆虫残渣。

那是否可以养个猪笼草，让它吃蚊子？那可不行。猪笼草的主食是蚂蚁等陆生虫类，充分利用了蚂蚁等嗜糖的天性来引蚁入瓮。它分泌了含糖蜜露的物质，使笼内散发着具有致命诱惑力的甜香，而光滑的笼唇和笼内壁则能让被诱惑来的昆虫马失前蹄，滑入笼中无力摆脱，最终被笼内消化液分解成植物可利用的营养。

猪笼草原产于热带和亚热带地区，喜欢湿润和温暖半阴的生长环境，我国广东、广西等地有分布。该科有许多种或杂交种可作为观赏植物在温室栽培，栽培在室外的猪笼草通常能自行捉到昆虫，如果放在家里养，家里没虫子怎么办？只要营养充足并不需要特别为其投喂昆虫，当然人工喂食也没什么坏处，但是蟑螂等大虫子就不要放进它们"嘴里"了。另外，如果猪笼草个头还很小时，也不要喂虫子，因为它们太弱了，消化不了虫子。

（二）捕蝇草

捕蝇草（学名：Dionaea muscipula J. Ellis ex L.）是茅膏菜科捕蝇草属植物，被列入《世界自然保护联盟濒危物种红色名录》（IUCN 2000 年 3.1 版）——易危（VU）。捕蝇草的叶子既是扑虫的器官又是消化器官，捕食构造是由一左一右对称的叶片所形成的酷似"贝壳"的捕虫夹，捕虫夹上的外缘排列着刺状的毛，乍一看，它们似乎很锋利会刺伤人，事实上，这些毛非常柔软。当捕虫夹夹到昆虫时，这些夹子两端的毛交错好似一个牢笼，使虫无法逃走。捕虫夹内侧呈红色，仔细观察会发现上面覆满许多微小的红点，这些小红点是捕蝇草的消化腺。在捕虫夹内侧有三对细毛，它们是捕蝇草的感觉毛，用来监测昆虫是否走到适合捕捉的位置。

　　捕蝇草如何能感知并夹住昆虫呢？它的捕虫过程可能是所有食虫植物之中最奇特、最复杂的。起初，当昆虫碰到位于夹子上的感觉毛时，触碰感觉毛的时间间隔对其是否闭合有决定性的影响：第一次触碰到感觉毛后叶片似乎没有反应，如果两次的触碰间隔在20~30秒内则能闭合，若超过这段时间则需要有第三次成功的刺激才会闭合。捕虫器需要两次的刺激，为的是确认昆虫已经走到适当的位置，当捕虫器受到第一次的刺激时，此时昆虫只是刚刚进入捕虫器，若此时就闭合，只能夹住昆虫的一部分，那么昆虫能够逃脱的机会非常大；当捕虫器第二次受到刺激时，此时昆虫差不多已走到捕虫器的里面，这时封闭捕虫器可以真正抓住昆虫，将其关在捕虫器内。闭合的过程分为两个阶段：第一阶段，夹子快速关闭，以便捕到昆虫，此时捕虫夹只是抓住昆虫；第二阶段，捕虫夹向内收缩，但这个行为需要昆虫的挣扎才能进行，因为有挣扎才代表捕虫器所捉到的确实是活的猎物。此时捕虫夹的内侧会尽量贴近昆虫，不留一点缝隙。之后捕虫器会完全关闭几天到十几天，直到昆虫被捕虫器上的腺体分泌的消化液消化完后，捕虫器会重新打开，等待下一个猎物；剩下无法被消化掉的昆虫外壳，便由风雨带走。捕蝇草有时会误捉到枯枝、落叶等杂物，只要没有持续的刺激，捕虫器会在第一次闭合几小时之后重新打开，等待下一个猎物。如果少了闭合过程第二阶段这项确认机制，必然会将消化液浪费在无法消化掉的杂物上。

　　不过这种必须连续碰触两次才会产生的捕虫机制，应该还有一个可供记忆的组织，这样的记忆是如何在捕蝇草中运作的，仍是一个未解之谜。

(三) 沼泽地中的杀手——瓶子草

　　瓶子草属 (学名：*Sarracenia*) 是湿生食虫植物，瓶子草为多年生的食虫草本植物，其每一片叶子就是一个捕虫器，叶子的形态十分奇特且有趣，叶子是卷曲起来的，有的卷成管状，有的卷成喇叭状，还有的呈壶状，人们就以"瓶"为名，统称它们为瓶子草。这些会捕虫的"瓶子"在草丛中要么斜卧，要么直立，因为外表非常的鲜艳光滑，颜色很显眼，有很多斑点或者是条纹状，还会分泌很多蜜汁，很多虫子非常喜欢攀爬在瓶子草的刺毛上面，这些瓶状叶便是捕捉昆虫的"诱捕器"，但它们没有想到这些刺毛会使自己葬身瓶底，一旦跌落

就成了瓶子草的食物，瓶子里面分泌的消化液混合着储存的雨水消化那些掉进去的昆虫，最后吸取养分供自己生长。

眼镜蛇瓶子草（学名：Darlingtonia californica Torr.）是瓶子草科眼镜蛇瓶子草属的多年生植物，是生长在美国加利福尼亚州北部和俄勒冈州南部的山地沼泽中的一种食虫植物，其原产地多为常年有冰凉泉水流入的沼泽或河岸，因与眼镜蛇酷似而得名。它喜寒惧热，根部要保持低温，生存地昼夜温差要大，所以这种食虫植物是比较难栽培的。每棵眼镜蛇草由几个至十几个瓶状叶片组成，好像一群昂首挺胸、错落不一的眼镜蛇，让其他动物对其望而生畏，退避三舍。瓶子草的捕虫方式是以其瓶状叶的鲜艳色彩以及在瓶口处分泌香甜的蜜汁以诱惑路过的蚂蚁、蚊子、苍蝇、蜂类等小昆虫，一旦被骗的昆虫停留在瓶口顶部，顺着蜜腺爬行的昆虫由于瓶口边缘很滑，一不小心便会滑落瓶中，而捕虫瓶内透光的斑纹又会迷惑昆虫，使其将这些斑纹误认为出口而被困在捕虫瓶内。由于捕虫瓶蜡质的顶部及带下向毛的中下部，昆虫会逐渐落入捕虫瓶基部的消化液内被消化。

（四）美人陷阱——茅膏菜

茅膏菜（学名：*Drosera peltata* Smith）是茅膏菜科茅膏菜属常绿多年生食虫草本植物，同属约有170多种，此属是在食虫植物中种类最多、分布最广的一群。茅膏菜有很多形态，颜色也不一样，生活在世界的各个地方，而它们的叶片是非常茂密的，而且充满晶莹剔透的露珠，光彩夺目，非常漂亮，茅膏菜正是通过这些露珠来吸引昆虫前来并伺机将它捕捉。茅膏菜叶片边缘密布可分泌黏液的腺毛，当昆虫落在叶面时，便会被粘住。叶片边缘的腺毛极为敏感，当它感知有外物触及，即刻向内和向下运动，将虫紧紧地压在叶面，当昆虫逐渐被消化后，腺毛即恢复原状。真可谓是"美人陷阱"，越是这种耀眼的植物越是有害。

锦地罗（学名：*Drosera burmanni* Vahl）也属于茅膏菜科的一种食虫植物，主要分布在我国浙江、福建、广东、广西、云南等南方山区。它通常生长在草地上或者潮湿的岩面、沙土上，这样的生长环境光照和水分都很充足可是土壤非常瘠薄，营养比较缺乏，尤其是氮素，因此锦地罗只能通过捕食一些小虫子才能补充这些营养元素，才能更好地生长和繁殖。锦地罗的叶呈莲座状平铺地面，宽匙状的叶，边缘长满腺毛，它们就像守株待兔的猎手，等待昆虫的落入，然后把昆虫包围起来，用带黏性的腺体将昆虫粘住，分泌的液体可消化虫体蛋白质等营养物质，然后通过叶面吸收。

（五）诱惑型杀手——捕虫堇

捕虫堇（学名：*Pinguicula vulgaris* L）是狸藻科捕虫堇属多年生草本。捕虫堇是一种比较低矮的食虫植物，它是诱惑型食虫植物，叶片大多呈明亮的绿色或者粉红色，肉质光滑，质地较脆，像莲花座排列，看起来纯洁干净，其实却暗藏杀机，能散发出一种诱惑性的气味来招引昆虫，叶片、花茎和花瓣背面都有短短的腺毛，腺毛能分泌黏液来粘住昆虫，而且大多数品种的叶片边缘向上卷起，这种凹形结构有助于防止昆虫逃脱。捕虫堇可以捕食一些蚊子、蚂蚁等小型昆虫，但像苍蝇这样"强大"的昆虫则比较容易逃脱。当猎物被黏液粘住时，当然不想束手就擒，但是它只要一挣扎，捕虫堇边缘的叶子就会向内卷缩，扩大叶子与猎物的接触面积，但卷曲幅度很小，肉眼不易觉察；同时昆虫的挣扎会刺激叶片表面的另一种腺体分泌消化液，快速将猎物消化成营养液并吸收，昆虫就这样成为捕虫堇的进补食物。捕虫堇的消化能力是比较强的，通常被它消化后的猎物只剩下很少的残渣。捕虫堇的叶片还能分泌杀菌防腐的物质，用于防止昆虫腐烂。

（六）手段多样的"杀手家族"——狸藻

狸藻（学名：Utricularia Vulgaris L.）又名闸草，狸藻科狸藻属水生草本，也是一种浮游、沉水性水草，它们没有根，茎也非常的虚弱。它的叶子有很多细纹，像乱七八糟的头发，而它们会长出黄紫色的小花。狸藻的叶子上有很多小口袋，是可活动囊状捕虫结构，其捕虫囊颜色通常是绿色或黄绿色，是专门用来捕虫的工具，可捕食并消化水中微生物。据英国《每日邮报》报道，狸藻行动速度比大名鼎鼎的捕蝇草快上200倍，它能在不超过1毫秒的时间内吞食它的猎物，成为世界上行动速度最快的捕食性植物之一。

狸藻是主动型的食虫植物，这种水草拥有一个捕捉猎物的陷阱，其食物主

要为水中的水蚤、线虫和蚊子幼虫等小型无脊椎动物，偶尔也可捕食小鱼苗、小蝌蚪等脊椎动物。狸藻捕虫囊构造十分有趣，在囊口有一个能够向内开启的活瓣，囊口边缘生长有几根刺毛，这些刺毛可随水漂动，旁边还有一些小管子，能分泌出甜液，狸藻就依靠这些捕虫囊来捕捉水中的小生物。当有猎物靠近时，它会迅速打开陷阱门，并用一个特殊的"吸水泵"将猎物吸入体内，瞬间形成的下落水流相当于让猎物承受地球重力加速度的600倍，而人类在承受到加速度的15倍时便会昏死过去，可见对于"猎物"来说，狸藻绝对是致命的杀手！

小白兔狸藻（学名：Utricularia sandersonii）为狸藻科狸藻属的小型多年生食肉植物，南非特有的品种。小白兔狸藻是最受欢迎的陆生狸藻之一，因花形酷似一只可爱的小白兔而得名。它那通体雪白的花朵，配上一对白中带粉的逼真兔耳和圆滚滚的娇小身体，活脱脱的小白兔模样。小白兔狸藻的茎叶常绿、纤细且矮小，像苔藓一样成片生长在潮湿的岩石表面，但在开花季节，它们会长出十几厘米高的细长花梗，开出一朵朵粉紫色的小花。从正面看去，小白兔狸藻的花朵酷似有着一对大耳朵的兔子脑袋，虽然看起来人畜无害，小白兔狸藻却是技巧高明的食虫植物。它们有许多细小的地下茎，上面长满了小巧精致的捕虫囊，一旦有在地下活动的微小生物经过，就会触发这些暗藏的捕虫机关，被吸入的猎物很难逃脱成为小白兔狸藻养分的厄运，真是集清纯和腹黑于一身的"杀手"。

挖耳草（学名：Utricularia bifida L.）也是狸藻科狸藻属陆生小草本植物，看起来就像我们平时用的挖耳勺，通常生活在非常空旷的潮湿地带。它们是无绿色叶片、不进行光合作用的植物，捕虫的工具都在叶器和枝上，叶器生于匍匐枝上，球形，侧扁，有柄，能捕食潮湿地中的微小生物。

（七）土瓶草

土瓶草（学名：Cephalotus follicularis Labill.）是土瓶草科土瓶草属多年生草本植物，叶片呈卵形，且末段尖状。叶子的寿命通常为一年，其下位叶呈瓶状，用以捕捉昆虫，叶平均长度为3厘米。瓶盖多毛，条纹漂亮，瓶口有辐射状的突起形成沟状物，并从瓶口内部伸出，形成刺状物。荫蔽处叶笼成绿色，光照下呈现出斑斓的红紫色，但过多的光照会影响叶笼的尺寸。土瓶草在阳光的照射下呈现鲜艳的绿色，样貌也显得非常的可爱，正因为这样会吸引很多昆虫，特别是它的上部像透明的窗户，昆虫一旦爬进后就成了它的食物。

土瓶草独特之处在于同一时期有两种形态的叶子——正常叶和瓶状叶（捕虫叶）虽然土瓶草的捕虫原理和瓶子草基本相同：引诱猎物掉入瓶内，淹死在消化液中，分解后被瓶中的腺体吸收。然而，它们布置陷阱的方法却大不相同：瓶子草依靠蜜腺分泌出的蜜汁来吸引猎物，要付出诱饵；相比之下，外表可爱的土瓶草就高明得多，它已经抛开了以实物引诱猎物的原始手段，进入信息时代，达到了"空手套白狼"的新高度。瓶状叶瓶盖内侧有两条紫色的条形斑纹，一直通向瓶内，这个看似平淡无奇的构造却是一个极具创造性的拟态行为：一般虫媒授粉的管状花都有类似的斑纹，这是一些昆虫共同进化、相互选择的结果，这斑纹传达给昆虫的信息是"里面有蜜汁"，昆虫爬进花朵中觅食时不知不觉就帮助植物完成了授粉。

（八）其他

除了像猪笼草或捕蝇草这类植物有专门的捕杀昆虫的特殊构造外，自然界中、还有许多植物是通过"被动"的方式获取营养。例如我们所熟悉的西红柿、土豆等蔬菜，这些看似"温柔"的植物也暗藏杀机，它们会利用茎部的黏性茸毛捕捉并杀死落在上面的小昆虫，直到昆虫腐烂并掉落在土壤中，再用根部吸收它们的营养。研究人员认为，这是植物在野外生长时进化出来的一种生存技能，以确保它们在贫瘠的土地上也能获得足够的营养，如今即使是人工栽培的植物也保持着这一特点。

英国《独立报》援引伦敦大学教授马克·蔡斯的话，报道了人工栽培的西红柿和土豆仍保留着这种茸毛，特别是西红柿的茸毛还很黏，确实具有捕获并杀死小型昆虫的能力。我们猜测这些人工培育的植物通过人工施肥便足以获取足够的营养，所以无须用茸毛捕捉昆虫了；但如果在野外营养不足时，它们便可以利用这种肉食性技能来补充营养了。

二、见血封喉

见血封喉（学名：Antiaris toxicaria Lesch.）又名箭毒木，属于桑科波罗蜜亚科见血封喉属，主要生长在海拔 1500 米以下的热带雨林地区，中国海南、云南等地也有少量分布。见血封喉乔木，高 25～40 米，胸径 30～40 厘米；具有乳白色树液，树皮呈灰色，春季开花，国家三级保护植物，是一种剧毒又具药用的植物。

见血封喉的树皮和叶子中有一种白色的乳汁含有剧毒，一旦接触到人畜伤口，即可使人畜中毒，出现心脏麻痹（导致心律失常），血液凝固，血管堵塞，直至窒息死亡，如同刹那间有一只无形的手扼住咽喉，所以人们称它为"见血封喉"来形象化地表达其毒性很强。这种毒汁如果进入眼中，会造成失明；它的树枝燃烧时放出的烟熏入眼中，也会造成失明；将这种毒汁涂在箭头上，野兽若被此箭射中，则三秒之后会因血液迅速凝固、心脏停止跳动而死亡。

现代科学研究表明，见血封喉乳汁的乙醇提取物具有药用价值，但这种树现在已经很少了，属于保护植物。这类树的叶子和果实没有特别的识别特征，一般人很难辨识，幸好一般地区没有这种树，有这种树的地区，都属于保护区，人们不能轻易靠近，不会对人造成太大的影响。海南五指山热带雨林地区为国家级自然保护区，该地区的见血封喉保存得最为完整。广东、广西未建保护区的产地已加强保护，扩大种植。2023 年 3 月，见血封喉入选《广东省重点保护野生植物名录（第一批）》。

三、毒芹

早在 18 世纪 30 年代，拉普兰地区还是个比较荒凉的地区，人们主要以放牧为生。当时流行一种"瘟病"，成千上万头牲畜"因病"死去，人们的生活难以为继。当时著名的植物学家林奈正在该地区进行考察，他仔细观察和分析了牲畜致病的原因，发现它们是因为吃了一种叫作毒芹的植物才发病的。原来所谓的"瘟病"，都是毒芹造成的。

毒芹 (学名: *Cicuta virosa* L.) (图 6-10) 是伞形科毒芹属的多年生草本植物，高可达 100 厘米，分布于中国黑龙江、吉林、辽宁等省区，俄罗斯的远东地区、蒙古、朝鲜、日本也有分布，生长于海拔 400～2900 米的杂木林下、湿地或水沟边。

毒芹可作为治疗骨髓炎的药用植物，但有剧毒，禁止内服。毒芹的成分主要为毒芹碱，这是一种强碱性的生物碱，具有特殊的刺激性鼠尿臭味，正是这种化学物质使毒芹的毒性变得极大，成熟种子的毒性最强。牲畜吃了这种植物后很容易死亡；人如果不小心误食，就会出现头痛、恶心、手脚麻木、全身瘫痪等症状，死亡率极高。人中毒的剂量为 30～60 毫克，致死量为 120～150 毫克。

毒芹的种子极易发芽，是一种"先锋植物"，在贫瘠的土地上生长迅速，其他植物也会在它的带领下在这片土地生长，因为毒芹极易发芽使其成为春天里最早出现的植物之一。

图 6-10　毒芹及其花序

四、相思子

红豆在中国文学中常被作为思念的象征，如"红豆生南国，春来发几枝。愿君多采撷，此物最相思。"但植物学所称的红豆有三种：赤豆 (学名: Vigna

angularis)、海红豆 (学名：Adenanthera pavonina L. var.microsperma) 和相思子 (学名：Abrus precatorius L.)，这是同科不同属的三类植物，都能结出明艳亮红的种子，其中相思子是豆科相思子属的一种有毒植物，广泛分布于热带地区，相思子的叶、根、种子有毒，以种子最毒，不能食用 (图6-11)。相思子的种子为椭圆形或圆形，长 5～7 毫米，顶部有脐的三分之一为黑色，下部三分之二为鲜艳诱人的红色，这红配黑的搭配，使它显得十分独特，由于红底配着黑色，颇似鸡眼睛，也被称为"鸡目珠"。种子通体色泽鲜亮，质地坚硬，富有特色，因此常被制成珠串等饰物。

图 6-11　相思子

　　这么美丽的种子竟含有剧毒？相思子的主要毒性成分为相思子毒蛋白，此毒素具有很强的毒性。但因相思子种壳坚硬，若人整吞本品可不致中毒，但若咀嚼再吞服则相思子毒蛋白进入人体后，会影响人体细胞蛋白质合成的能力，通常表现为恶心、呕吐、发烧、出血、心脏衰竭等症状，严重时会导致死亡。但这一系列过程通常需要较长的时间，因此人体往往要经过数小时乃至数天的潜伏期才会出现症状。

　　当然，种子中的这些毒素，并不是专门针对人类的，而是为了防止病菌的侵害和动物的过度采食，从而保证该物种能够顺利繁衍，是植物在长期进化过程中形成的一种自我保护和防御机制。

第七篇

万物有灵，花能解语

一、地瘦栽松柏

古人语："地瘦栽松柏"，意味着松树、柏树是生命力顽强的植物，即使栽种在贫瘠瘦土上也能茁壮成长（图7-1）。松树和柏树都是属于裸子植物门松杉纲，耐严寒，经冬不凋，四季常青，适应性极强，有"百木之长"的美誉。从古到今，人们就对松柏挺拔刚毅的天然特性赞颂不已，并赋予其丰富的文化内涵，作为吉祥、傲霜雪、坚定不拔等精神的象征。

松树（学名：Pinus Linn）又称青松，松科松属植物的统称，世界上的松树种类有90多种，绝大多数是高大乔木，高20～50米，最高可达75米（如美国的糖松 Pinus lambertiana Douglas），极少数为灌木状。松树对陆生环境有很强的适应性，能耐受零下60℃的低温或50℃的高温；能生活在裸露的矿质土壤、砂土、火山灰、钙质土、石灰岩土及从灰化土到红壤的各种土壤中；耐干旱、贫瘠，喜欢阳光，因此，它们是著名的先锋树种。与竹、梅合称"岁寒三友"，象征着不畏逆境、克服种种困难的坚韧精神。

松树不仅种类多，而且分布广，松树与这些园林景观相得益彰，例如北京北海公园、颐和园中的油松和白皮松等；遍布于名山胜地的松树更是给名山壮大了名声和气势，而松也随名山而扬名天下，如黄山的迎客松、华山的华山松、长白山的美人松……在一些深山密林中还隐藏着许多极为珍贵稀有的松科树种。

松树较幼时的树冠呈金字塔形，其树冠看起来蓬松不紧凑，"松"字正是其树冠特征的形象描述，树枝多呈轮状着生，每年生一节或数节。针叶是松树标志性特征，但是针叶是松树的次生叶，首先着生的为初生叶，线状披针形，叶缘具齿。初生叶行使叶的功能1～3年后，才出现针叶，而且每根松针的外围都有一层厚厚的角质层和一层蜡质的外膜，这样就减少了松树身上水分的丧失，也是松树可以在很干燥的环境下生存的秘诀。

松树为雌雄同株植物，大、小孢子叶聚集成球，分别形成雌、雄球花。松树的球花一般于春夏季开放，雌球花单个或2～4个着生于新枝顶端，雄球花多数聚集于新枝下部。雄球花簇生，成熟前为绿色或黄至红色，花粉脱落时为浅棕或棕色，成熟后不久即脱落。雌球花的出现紧接在雄球花以后，为绿色或红紫色，传粉时的雌球花近直立状，但花粉传到雌球花上后，要到第二年初夏才萌发，约在传粉后13个月以后的春季或初夏使雌花受精，继而发育成球果（俗称松塔或松球，不是果实），一般在第二年的夏末和秋季成熟，球果成熟，它的颜色由绿、紫色逐渐转变为黄色、浅褐色或暗褐色。球果成熟有一个相当长的过程，成熟后种鳞张开，每个种鳞具有两粒种子。如果想从新移栽的一株松树上收集种子，若当年出现了雌球花，得等到18个月后才可能从这株树上收集到成熟种子。

图7-1　松树和柏树

柏树是柏科植物的统称，包含侧柏、圆柏、扁柏、花柏等多个属。柏树树高一般可达20米，胸径可超过1米，也有少数种是灌木。柏树分枝稠密，小枝细弱众多，枝叶浓密，树冠多为墨绿色的圆锥体，完全被枝叶包围，从树的一侧看不到树的另一侧的物体，树皮都发红棕色，绳状结构，脱落时都是竖条形，只有少数种例外。柏树叶呈鳞片状，小形。绝大部分是雌雄同株的，也有很少种是雌雄异株的，球花单生枝顶，球果近卵形，种子为长卵形，无翅。

柏树耐贫瘠，对气候和土壤有很强的适应能力，生长缓慢，寿命极长，素为正气、高尚、长寿、不朽的象征。坛庙等地常常广植长寿常青、木质芳香、经久不朽的柏树，以示"江山永固，万代千秋"之意。近年来柏科树种在中国广大石灰岩山地绿化、防风固沙及水土保持等方面起了重要作用。

二、一树桂花百家香，满城桂花香天下

桂花（学名：Osmanthus sp.）（图7-2）是中国传统十大名花之一，已有2500多年的种植历史。"桂"与"贵"谐音，而且金黄的花朵开满枝头，象征着"富贵满堂"；折桂又象征着崇高的荣耀，古时考中状元被誉为"蟾宫折桂"。桂花树主要有两种：四季桂和八月桂；它们都能够长成参天大树，有几百年寿命。四季桂在栽下后第二年就会开花，香气扑鼻，而八月桂得要3~8年才会开花，有些八月桂甚至要等更久，但是一旦八月桂开花它的香味随着秋风会飘进每个人的毛孔。

桂花树的花期通常是在9~10月，也就是秋季，在这个时间，开花的桂花树也就是非常经典的"丹桂""金桂""银桂"这三个品种，这三个品种统称为"八月桂"。因为种植区域的不同，所以桂花的开花时间也不相同，例如在江苏、上海、安徽一带，基本上是10月开花，而在东北地区基本上8月就会开花了，在河北、天津、北京一带大多是9月开花，在山西、四川、广西也是9月开花。唯有四季桂，四季均会开花，每隔两到三个月就会开一次花。

各地最常栽培的品种是金桂，金桂花的颜色为黄色至深黄色，香味浓或极浓，花朵较易脱落，而银桂花的颜色近白色或黄白色，其香味比金桂稍淡，花朵着生较牢固，一般栽培较少。四季桂花呈黄白色或淡黄色，香味较淡，但一年之内花开数次，以秋季较繁，因多次开花，虽香味较淡，亦颇受人们喜爱，常将四季植盆栽供室内摆设。丹桂的颜色比较多，有橙红、橙黄等，其香味也比金桂稍淡，它的花色比大部分植物都好看，可以与不同的周边景色相搭配，观赏性比较好。

但是大多数情况下，桂花都处于无花期，如何在不开花的情况下，正确区分它们呢？

1. 树形不同

四季桂与其他三种很好区分，四季桂植株较矮小，生势较弱，常呈灌木状。而金桂、银桂、丹桂为乔木或小乔木，小枝条都比较挺直，向上生长，常年碧绿，树冠的形状都是圆圆的球状，粗大的枝一般会伸展开来，枝叶浓密，生长的态势非常好，看上去十分有生机。树皮的颜色是浅浅的灰色，皮孔比较多，而且比较大，长得像雪花的形状。

2. 叶片不同

从叶片形状上来看，从叶片的形态容易把四季桂与其他三种区分开。四季桂叶片稍圆润，几乎没有尾尖，而金桂、银桂、丹桂的叶片相对狭长，有明显的尾尖。丹桂叶片较狭长，尾尖更明显，叶缘有细密锯齿或全缘；金桂叶片稍宽大，叶片上部有疏锯齿下部全缘；银桂叶片长呈椭圆形，叶缘无锯齿或呈浅波浪起伏。

从叶片正面颜色深度上看，丹桂 > 金桂 > 银桂。丹桂叶片正面颜色最深，为墨绿色；金桂次之，为深绿色；而银桂叶正面色最浅，为青绿色。在光线暗的情况下，叶色区别更明显。

桂花飘香的季节，大家都趁此机会自制干桂花。要制作优质的干桂花，采摘也很关键。因为桂花的花期比较短，前后仅有4～5天。为了保证产品质量和产量，要适时采收，太晚或太早都不好。一般来说，应在花期后3～4天内采摘完毕。采摘桂花一般要选择早上，尤其是早上带点露水的时候采摘比较好。采摘下来的鲜桂花要用透气的竹筐装好，不得压或者堆积超过1米以上高，否则会损坏鲜桂花。采摘下来的桂花要及时加工成干桂花，不宜久放，以免香味损失过多。自制干桂花，必须用烘干的方式才能留住香味，晒干的桂花是没有香味的。

丹桂　　　　　　　　　金桂　　　　　　　　　银桂

图7-2 "八月桂"的种类

三、金竹千年不变节

竹子〔学名：Bambusoideae（Bambusaceae 或 Bamboo）〕是多年生禾本科竹亚科植物，原产地在中国，也称之为中国的文物标志，我国是世界上竹类资源最丰富的国家。它不仅四季青翠，而且枝干挺拔，既是高风亮节、刚直不阿的性格象征，又有风度翩翩的君子之誉，受到人们的普遍喜爱。古今文人墨客，爱竹咏竹者众多，我国的文人墨客把竹子空心、挺直、四季青等生长特征赋予人格化的高雅、纯洁、虚心、有节、刚直等精神文化象征。树木会根据风向寻找适合自己的生长方式，而竹子却是无论风多大，始终笔直地向上生长，呼应了古诗词"咬定青山不放松，立根原在破岩中，千磨万击还坚劲，任尔东西南北风。"让人既欣赏它常青的绿叶，更感受它坚韧不拔的品质，难怪古人常用"竹可焚而不毁其节"来比喻人的气节。竹、梅、兰、菊并称为"四君子"，竹与梅、松并称为"岁寒三友"。

为什么竹子中间是空心的呢？这种空心有什么好处呢？从植物进化上看，竹子的茎最初也是实心的，后来在进化过程中，其茎中心的髓逐渐萎缩消失，变成空心；此外，竹子生来就没有次生组织，茎长到一定的粗度就不再加粗了但它能在很短的时间内长高。"雨后春笋"形象化地表达了竹子生长速度非常快的特点。由于竹子居间分生组织的分裂和细胞的不断生长，使得竹子生长速度惊人，在春雨之后，一昼夜最快能长高1～2米，50天左右就可长成高达20余米的新竹，然而竹子中间的部分却赶不及外层的生长速度，所以中间是空心的。

竹的地下茎（俗称竹鞭）中间也是空的，它长着多而密的节，节上长着许多须根和芽，有的芽发育成为竹笋钻出地面可长成竹子，有的芽不长出地面而是横着生长，发育成新的地下茎，因此竹子都是成片成林的生长。竹的生长周期通常在40～120年，一般来说，新的竹都会从竹的根部长出来的竹笋开始生长。竹子与其他植物不一样的地方是，由于竹子不像常见的被子植物那样每年开花结果，因此会被误以为竹子不开花，如古诗有云"一节复一节，千枝攒万叶；

我自不开花，免撩蜂与蝶"。但是竹子其实是会开花的，大多数种类仅在生长12～120年后才开花结籽，但它一生只开花结籽一次，就是开出像稻穗一样的花朵，花谢后结出可食用的"竹米"，之后竹树就会枯萎、死亡。究其原因，中外学者其说不一，但归纳起来可分"周期说"和"营养说"两种：前种学说主要认为竹类是多年生的禾本科植物，与其他禾本科植物一样，竹子有一定的生长周期，过一定时期后才能开花结实，但这一说法忽视和否定了环境条件对开花周期的影响；后种学说认为营养不足，经营不善，天气干旱，生长环境恶劣是竹子开花的原因，但它忽视了植物内在的发展本性，过分强调了环境条件的影响。"竹米"里包含的种子可以进行新一代的繁殖，但是用种子繁殖的竹子，很难长粗，需要几十年的时间才能长到原来竹子的粗度。

竹子的种类很多，它们大多长得相当高大，高如大树，一般都有数十米高，只有少数种类的竹子高度不及一米，低矮似草。特点都是生长迅速，是世界上长得最快的植物。那竹子是木本植物还是草本植物呢？有的认为竹子没有年轮，是草本植物，但其实植物属于木本还是草本是根据茎的质地，竹子的茎为木质所以竹子是木本植物。

全世界共有1200多种竹子，众所周知，我国的"国宝"大熊猫就喜欢吃竹子，大熊猫喜欢吃的竹子种类比较多，箭竹（学名：*Fargesia spathacea* Franch.）（图7-3）只是其中一个比较常见的种类。毛竹［学名：*Phyllostachys edulis*（Carrière）J. Houz.］（图7-4）是中国栽培悠久、面积最广、经济价值最高的竹种，其竿型粗大可用于建筑如梁柱、棚架、脚手架等；篾性优良，可用来编织各种粗细的用具及工艺品；枝梢可作扫帚。佛肚竹（学名：*Bambusa ventricosa* McClure）竹型较大，节短，节间膨大显著，状如佛肚，姿态秀丽，是观赏竹类的佼佼者；同属栽培较多的还有黄金间碧玉（学名：Bambusa vulgaris 'Vittata' McClure），竿是黄色，挂有绿色条纹；状如龟甲的竹竿既稀少又珍奇——龟甲竹［学名：*Phyllostachys edulis*（Carriere）J. Houzeau］（图7-5），从基部开始，下部竹竿的节间歪斜，节纹交错，斜面突出，交互连接成不规则的龟甲状，越到基部的节越明显；竹色多变的紫竹［学名：*Phyllostachys nigra*（Lodd. ex Lindl.）Munro］（图7-6），幼竿呈绿色，密被细柔毛及白粉，一年生以后的竿逐渐先出现紫斑，最后全部变为紫黑色。

图 7-3 箭竹的叶片

图 7-4 毛竹

图 7-5 龟甲竹

图 7-6 紫竹

四、满堂富贵之海棠

海棠（学名：*Malus spectabilis*）（图7-7）是蔷薇科苹果属植物，乔木，高可达8米，与秋海棠（学名：*Begonia grandis* Dry）只有一字之差，但是两者区别甚大，秋海棠为秋海棠科秋海棠属草本植物。

图7-7 海棠

　　早在先秦时期的文献中就有记载海棠花在中国古代的栽培历史，到了唐代栽培技术明显提高，宋代更是达到鼎盛时期，当时被视为"百花之尊"，有"国艳""花中神仙""花贵妃""花尊贵"等美称。中国人民如此喜爱海棠，其根本是在于它丰厚的文化内涵，因为"棠"与"堂"谐音，在民间海棠是一种代表富贵吉祥的花卉，在民间流传的不少吉祥画中都使用了海棠图案，如把海棠与牡丹组合，寓意"满堂富贵"；与玉兰、牡丹相配，取"玉堂富贵"之意。紫禁城御花园的绛雪轩前就有群植的海棠，海棠花开鲜艳，而棠棣之华，象征兄弟和睦，其乐融融。不少文人墨客也为之留下了赞美的诗句，如陆游的"绿章夜奏通明殿，乞借春阴护海棠"、欧阳修的"摇摇墙头花，笑笑弄颜色"。

　　海棠的花期为每年的4～5月，花未开时，花蕾红艳，似胭脂点点，开后则渐变粉红，春花烂漫，犹如晓天明霞。现在园艺变种增加了粉红色重瓣和白色重瓣的品种。海棠花花形较大，花直径4～5厘米，通常5～8朵花聚集成伞形花序，似乎能把长长的圆柱形粗壮的小枝枝条弯垂下来，一派"千朵万朵压枝低"的景象，人在花下，香风阵阵，不时有花瓣随风飘落，犹如花雨，令人心旷神怡。入秋后，约在8～9月进入挂果期，果实近球形，直径2厘米，黄色，可谓金果满树。

　　海棠花第一次被我国的史料记载的并不是它的观赏性，而是它的食用价值：诗经《卫风·木瓜》有曰："投我以木瓜，报之以琼琚；匪报也，永以为好也！投我以木桃，报之以琼瑶；匪报也，永以为好也！投我以木李，报之以琼

玖；匪报也，永以为好也！"诗中的"木瓜""木桃""木李"均属于海棠类的植物。有的海棠果实经蒸煮后做成蜜饯可供食用又可供药用，有祛风、顺气、舒筋、止痛的功效，并能解酒去痰，煨食止痢。海棠花可为糖制酱的作料，风味很美。

五、像石榴籽一样紧紧抱在一起（多子多孙多福祉）

石榴（学名：Punica granatum L.）（图7-8）是石榴科石榴属植物，原产于波斯（今伊朗）一带，公元前二世纪时传入我国。据晋代张华《博物志》载："汉张骞出使西域，得涂林安石国榴种以归，故名安石榴。"《本草纲目》中还写作安石榴，但现在一般都叫石榴。

图7-8　石榴的花和果实

每年的5～6月，石榴树那绿油油的枝叶顶端开着一朵朵形状似钟的红花，有的一朵独立枝头，有的三五聚集成群，像一把撑开的伞，远看一片火红、灿若烟霞、绚烂之极的石榴花，让人不由得感叹时光走进了初夏。依子房发达与否，石榴有钟状花和筒状花之别，前者子房发达可以结成丰硕的果实，后者常不能结果而凋落；花的最外面有肉质、坚硬、管状、5～7裂的萼片，与子房连生，开花结果后花萼还保留而没有凋落；花瓣有5～9瓣，多皱褶，像裙子的裙裾，有单瓣、重瓣之分，重瓣品种雌雄蕊多而不孕，花瓣多达数十枚；花多红色，也有白色、黄色、粉红色、玛瑙色等色。中国人大都喜欢种植红花石榴，那满枝的红艳艳的石榴象征着繁荣、美好、红红火火，寄托着人们对生活如石榴花般红红火火的期盼。

开花后两三个月即每年的 9 月，红红的果实就挂满了枝头，恰若"果实星悬，光若玻础，如珊珊之映绿水。"正是"丹蕾结秀，华（花）实并丽"。石榴果是大型而多室、多子的浆果，每室内有多数籽粒，古人称石榴"千房同膜，千子如一"。掰开石榴，无数个红色的小浆果就会露出来红色、半透明的"容颜"，犹如一包水晶玛瑙。外种皮肉质呈鲜红、淡红或白色，多汁，甜中带酸，给人们带来味蕾的享受；内种皮为角质，也有退化变软的，现在市面上销售的多为这种软籽石榴。

中国人视石榴为吉祥物，把它当成多子多福的象征。石榴的朱砂色有驱邪纳祥之意，故民间有"榴花瘟剪五毒"之说，因此，石榴也是辟邪趋吉的象征。民间婚嫁之时，常于新房案头或他处置放切开果皮、露出浆果的石榴，寓意多子多孙。常见的吉利画有《榴开百子》《三多》《华封三祝》《多子多福》等。

石榴刚进入中国时，大概还只是观花和观果树种，后来中医发现它还是一味良药，果皮、果汁等均有较好的营养及药用价值，在《名医别录》《齐民要术》《图经本草》《本草纲目》中均记载了其药用价值。2007 年 3 月 1 日石榴被列入《世界自然保护联盟濒危物种红色名录》——略微关注（LC）。

六、英雄花——木棉

木棉（学名：*Bombax ceiba* L.）（图 7-9）属木棉科木棉属植物，又名红棉、英雄树、攀枝花等，原产自中国，是一种广泛分布于热带及亚热带地区的落叶大乔木，高可达 25 米。木棉树有一种特质，它一定是周围众树中至高的，哪里有木棉树，我们便看到它是最高的那棵，因为它要长得高过其他树木，以吸收最好的阳光，所以有森林中的"露头树"之称。木棉树树形具阳刚之美，以一种傲人的挺拔姿态和参天擎日的气势，惊艳来客，绝世独立，引得人们将之与英雄类比。

图 7-9　木棉树、木棉花

　　木棉外观多变化，四季展现出不同的景象：春天时，一树橙红；夏天绿叶成荫；秋天枝叶萧瑟；冬天秃枝寒树。为了熬过严冬，木棉树脱去树叶，光秃秃的看似死亡，内里却蕴含积存在树干内的无限生命力，等候春天的来临。早春二月，正是木棉花开的日子，先开花后长叶，似乎叶子的脱落更为它开花的时候彰显出花朵的美丽及壮观，但在季雨林或雨林气候条件下，则有花叶同时存在的现象。若冬天的寒冷时间越久，气温越低，木棉树在春天开出的花朵反而越灿烂。木棉树隐藏地如此坚韧的生命更是被古往今来许多人所称颂，香港音乐人罗文的名曲《红棉》，在海外华人中广为传唱，歌曲以木棉树比喻华人的傲骨，百折不挠，勇往直前，在世界各地生生不息的精神。

　　木棉花像是捎来春讯的花使，广东民谣"木棉花开，冬天不再来"，意思就是只要看到木棉花开了，温暖的春天也来临了。在一些种有木棉树的地方，就会陆续开出灿烂的花朵，远远望去，一树红彤彤的花朵大而色艳，嫣红花朵染红半边天际，苍穹之下赤焰灼灼，显得格外生机勃勃，犹如遍地英雄碧血的壮观景象。古往今来，与之相关的佳作频出："十丈珊瑚是木棉，花开红比朝霞鲜""几树半天红似染，居人言是木棉花"。木棉花花色艳丽，除了常见的深红色、红色和橘红色外，海南木棉资源调查过程中发现了十分罕见的黄花木棉，印度还报道过发现淡黄色花系木棉以及白花木棉。

　　木棉还有一些独特的识别特征，如树干基部通常密生圆锥状的粗刺，它可防止动物的侵害；当别处的花儿凋落成泥时，掉在地上的木棉花依然完整如初。

木棉花落尽后长出椭圆形的蒴果，远远看过去犹如树上挂着一个个大芒果，长10～15厘米，粗4.5～5厘米，密被灰白色长柔毛和星状柔毛，种子多数。夏季果实成熟后荚会裂开，果中的棉絮随风飘落，朵朵棉絮飘浮空中如同六月飘雪，别有一番风景。木棉棉絮质地柔软，可用来做被褥床垫等，是中国古代重要的织造材料，古书中记载："木棉树高二三丈，切类桐木，二三月花既谢，芯为绵。彼人织之为毯，洁白如雪，温暖无比。"木棉那黑色的种子就藏在棉絮团里，跟着棉球随风滚动，一遇到潮湿的土地便吸水而落地生根。

2018年9月21日木棉被列入《世界自然保护联盟濒危物种红色名录》——无危（LC）。

七、出淤泥而不染，濯清涟而不妖——莲花

属睡莲科植物的莲花被称为盛开在水中的"神圣之花"。《爱莲说》："出淤泥而不染，濯清涟而不妖"表达了文人墨客对莲花高洁品格的称颂。莲花实际上是人们对荷花和睡莲的统称，而荷花（学名：*Nelumbo* sp.）（图7-10）与睡莲（学名：*Nymphaea* L.）（图7-11）是睡莲科不同属的植物，分别属于莲属和睡莲属。"接天莲叶无穷碧，映日荷花别样红"就是对荷花之美的真实写照，1985年5月荷花被评为中国十大名花之一，以其外形特征得名："莲茎上负荷叶，叶上负荷花，故名。"而睡莲命名与它的叶和花均浮（睡）在水面上有关。

荷花是被子植物中起源最早的植物之一，有"活化石"之称。在人类出现以前，地球大部分被海洋、湖泊及沼泽覆盖。当时，气候温暖潮湿，数十米高的蕨类植物遍布地球各个角落。大部分种子植物无法生存，只有少数生命力极强的种子植物生长在这个恐龙、蕨类植物称霸的地球上，"荷花"就是其中之一，它的出现远比人类出现的时间早得多。它经受住了大自然的考验，在中国的阿穆尔河（今黑龙江）、黄河、长江流域及北半球的沼泽湖泊中顽强地生存了下来。20世纪70年代，古植物学家徐仁教授在柴达木盆地发现的荷叶化石至少有1000万年历史，因此荷花被称为"活化石"。随着原始人类的出现，人类为了生存去采集野果充饥，意外发现这种"荷花"的野果和根节（即莲子与藕）

不仅可以食用，而且甘甜清香，非常美味，渐渐地，"荷花"便成为原始人类生存的粮食来源也成为人类生存的象征。《峆经》中所写的"隰有荷华"就意味着中国大地上凡有沼泽水域的地方，都生长着荷花。1973年，荷花的花粉化石在浙江余姚县距今7000年前出土的"河姆渡文化"遗址中被发现；同年两粒炭化莲子在河南郑州市距今5000多年前的"仰韶文化"遗址中发现。西周初期（公元前二世纪），莲藕是古人常吃的40多种蔬菜之一。

中国是世界上种植荷花最多的国家之一，荷花从湖畔沼泽的野生状态走进了人们的田间池塘。荷花以其实用性融入人们的生活，同时它那艳丽的色彩和幽雅的风姿深入人们的精神世界，成为文人墨客吟诵的对象，如在中国最早的诗歌集《诗经》中就有关于荷花的描述："山有扶苏，隰有荷华""彼泽之陂，有蒲有与荷"。

荷花是多年生水生草本，夏秋时节，亭亭荷莲在一汪碧水中散发着沁人清香，使人心旷神怡，荷花的绿色观赏期长达8个月，群体花期在2～3个月。花单生于花梗顶端、高托水面之上，花直径10～20厘米，美丽、芳香；有单瓣、复瓣及重瓣等花型；花色有多为白、粉、深红、淡紫等；藕是荷花横生于淤泥中的肥大地下茎。其横断面有许多大小不一的孔道，这是荷花为适应水中生活形成的气腔，叶柄、花梗中同样存在这样的气腔。在茎上还有许多细小的运输水分的导管，导管壁上附有增厚的黏液状的木质纤维素，当藕被折断拉长时出现许多白色相连的藕丝便是藕中纤维，老藕的丝较多于嫩藕。莲藕生长在淤泥中，会被有毒物质侵染，由于藕的表皮组织特别细密的且下皮含有丹宁，具有一定的阻挡或蓄积有毒物质的能力，因而有毒物质大多黏附在表皮上或渗入表皮中，所以藕要削去外皮后才可食用，以免吃进有毒物质。

荷花叶大，直径可达70厘米，呈盾状圆形，叶面深绿色、粗糙、叶上布满短小钝刺，刺间有一层蜡质白粉，所以能使落在叶面上的雨水凝成滚动的水珠。叶子中间有圆柱状叶柄，将荷叶挺举出水面。荷叶分三种：以顶芽最初产生的叶称为钱叶或叫荷钱，形小柄细，浮于水面；最早从藕带上长的叶叫浮叶，略大，也浮于水面；后来从藕带上长的叶叫立叶，挺出水面。无论是钱叶、浮叶或立叶，出水前均相对内卷成棱条状。立叶依生长早晚，其大小、高矮、顺序表现出明显的上升阶梯和下降阶梯，在新藕刚形成时抽出的立叶，比前张大而刚刺较短，叫"后把叶"；当藕接近成熟时荷叶叶柄变短，光滑少刺；当它前面再出现一张叶色浓绿、小而厚、柄短而细、叶背微红的叶，叫"终止叶"。有经验的人可以通过辨别终止叶，就能在泥里找到新藕生长的位置。因为莲藕能吸收水中的好氧微生物分解污染物后的产物，所以荷花可帮助被污染水域恢复生态平衡，可作被工业三废水污染水域的"过滤器"，促使水域生态系统逐步实现良性循环。

图 7-10 荷花

图 7-11 睡莲

同为睡莲科多年生水生草本植物的睡莲与荷花如何区分呢？首先看它们的叶子，荷花的叶子表面是有毛的，而睡莲的表面没有毛，还很光滑；再看它们的叶子是否长出水面，长出水面之外的就是荷花，如果不长出来，叶子贴着水面的，那就是睡莲了；莲花的叶子都是圆的，长得很完整，而睡莲的叶子则有一个 V 形缺口：荷花的花朵大，而且挺出水面，花中央有凸起的莲蓬，而睡莲的花朵小，花中央柱头盘凹陷，即看不到莲蓬的结构，但它的花色丰富，有着荷花所没有的蓝色及蓝紫色等颜色。睡莲的花如睡美人般睡在水面上，而且睡莲之所以有"睡"字，另一层意思是白天开花，晚上花朵闭合，到早上又会张开，像睡觉一样。荷花的果实藏于呈蜂巢状的莲蓬内，内有种子一枚，即莲子；而睡莲的花朵授粉后沉入水中发育成果实，果实呈卵形至半球形，在水中成熟，不整齐开裂，种子成熟后浮出水面，但睡莲多为园艺栽培种，较少结果实。荷花全身皆是宝，它的多个部分可以食用，如莲子、莲蓬、莲藕，其茎、叶还可以入药；睡莲能应用的部分相对较少，花朵可以泡茶或制作香水，但主要用来观赏。

八、谁道花无红百日，紫薇长放半年花

你见过像人一样怕痒痒的树吗？痒痒树其实学名叫紫薇。紫薇（学名：*Lagerstroemia indica* L.）（图7-12）别名痒痒花、无皮树、百日红、蚊子花等，它是一种多年生的落叶灌木或小乔木，如果用手轻轻抚摸一下紫薇光光的树干，它顶端的枝梢马上会轻轻摇动起来，枝摇叶动，就像人们被搔了胳肢窝儿一般。紫薇"怕痒痒"的现象其实跟紫薇的树形和树干材质有关系，紫薇的树干有一个明显区别于其他树种的地方，即其树干的根部和顶端部分粗细差不多，相对于其他"下粗上细"的树种来说，紫薇树的树冠较大，但是树干细而长，木质比较坚硬，上部要比一般的树重一些，显得"头重脚轻"，重心不稳，只要是轻轻地挠它的枝干，摩擦所引起的震动，就很容易通过坚硬的木质传导给枝叶和花朵，所以就会产生晃动，而这个晃动会逐渐地积累，幅度也会越来越大，就出现了我们平时看到的紫薇"怕痒痒"的现象，就像是害怕被人摸一样，晃来晃去的。但在一些主干明显较粗、枝干粗细相差较大的大型紫薇树上，紫薇树"怕痒痒"的特征就不那么明显了，若是用手挠痒，紫薇树顶端的枝条几乎纹丝不动，显得极为"麻木"。其实没有哪种树会像动物那样真的怕痒，因为植物的韧皮部不像动物皮肤那样有感觉细胞，只是紫薇的颤动被人们形象地描述成它们怕痒，"怕痒痒"的现象在别的经过修剪、树形变得"上粗下细"的植物上也会有所表现，这也进一步说明了紫薇的怕痒痒现象与它那"头重脚轻"的体型有关。

别名"无皮树"的紫薇还有个显著特点是树干光滑洁净。树龄小的紫薇树树干，年年生表皮，又年年自行脱落，使树干显得新鲜而光滑；成年的紫薇树，树身的表皮都已脱去，看上去更加光溜溜的，据说光滑的连猴子也爬不上去，所以紫薇还被叫作"猴刺脱"。

紫薇作为园林绿化中常见的观花树种，树姿优美，紫薇花盛开在炎炎夏日，又有"盛夏绿遮眼，此花红满堂"的赞语。花期可从6月一直持续到9月，即从仲夏到中秋，足足四个月的花期为紫薇赢得了"百日红"的美名。有道是"谁道花无红百日，紫薇长放半年花。"

图7-12　紫薇

紫薇花除了中心长着36枚黄色花药的"普通雄蕊"，外侧还有6枚顶着不起眼褐色花药的"超长雄蕊"，而它的雌蕊也十分修长，跟外侧的"超长雄蕊"混杂在一起。这也是紫薇花的小心机，"普通雄蕊"又名"给食型雄蕊"，它显眼的黄色花药承担吸引昆虫过来采食的任务。而另一种"超长雄蕊"被称为"传粉型雄蕊"，它不起眼的褐色花药中满是发育成熟的花粉，在昆虫忙于采食之际，顺便把花粉粘在它们的腹部，待昆虫探访下一朵花时，便可以完成授粉大业。这种现象在植物界被称为"异形雄蕊"，由著名生物学家达尔文最早提出。花落以后，已是深秋，很快叶子也告别了枝头，待到入冬，紫薇的球形蒴果由青黄转为棕黑，开裂的蒴果中飞出种子。紫薇种子细小，扁平且带有一层薄薄的翼膜。北风乍起，种子便迫不及待地打着旋儿飞向天空。

紫薇因其花色鲜艳美丽，花期长，寿命长，现已广泛栽培为庭园观赏树，有时亦作盆景。紫薇还具有较强的抗污染能力，对二氧化硫、氟化氢及氯气的抗性较强。常见的有大叶紫薇和小叶紫薇两个品种，它们同属于观花观叶净化空气类植物。两者的四季生长习性相同，同为落叶乔木，秋季果实成熟后开始黄叶，一般在冬季温度低于5℃以下紫薇树会进行休眠，在春季后重新生长新叶片。叶片在茎上相对排列，一直到7月这些叶片都是常绿的，它们都属于先长叶片，后开花结果。但是，两个品种之间还是有以下3个明显的区别：

1. 观花区分

它们的开花颜色和盛开的时间都是不同的，小叶品种的开花时间差不多要

比大叶品种早半个月盛开，当种植地区温度达到35℃以上的时候，基本能全部盛开。小叶紫薇属于红花紫薇，它的花颜色很红，但是大叶紫薇开花的颜色为紫色，在每年的7月左右开放。

2.叶片大小

这两个品种都属于落叶乔木或灌木，都是在春季后温度升高开始发嫩芽和生长新叶，其实我们从它们的名字上就很好区分，小叶品种的叶片只有硬币般大小，而大叶紫薇的叶片要比小叶品种大一倍多。

3.主干枝条

秋冬落叶时节，这两个品种的紫薇树树叶都会掉落，大叶品种的树皮颜色为灰色，表皮平滑，但是小叶紫薇的颜色偏浅，冬季过后它的主干上还会自然褪掉一层表皮，这一点大叶品种是没有的。大叶紫薇的主干较笔直，而小叶紫薇的主干有一点自然微微弯曲，很适合做花瓶园艺造型树。

九、花如其名——鸡蛋花

鸡蛋花（学名：*Plumeria rubra* L.）（图7-13），别名蛋黄花，属于夹竹桃科鸡蛋花属，在我国西双版纳以及东南亚一些国家，鸡蛋花被定为"五树六花"之一而被广泛栽植于佛教寺院，故又名"庙树"或"塔树"。鸡蛋花整株树形状苍劲挺拔，树形美观，很有气势；树冠的枝叶茂密，绿叶成荫，好像一把张开的伞。

鸡蛋花的花期为4~12月，白色鸡蛋花花冠的外围呈乳白色，中心呈鲜黄色，颜色像极了鸡蛋的蛋白和蛋黄。鸡蛋花除了白色之外，还有红、黄两种。开花初期，鸡蛋花在光秃的枝条顶端先长出花蕾，或花叶同时抽出生长；每一串花序抽出的花次第开放，而不同的枝条也先后开花，满树繁花经久不衰，花叶相衬，优雅别致。鸡蛋花还有一个很大的特点，就是花开后的气味清香淡雅，甚至花落几天后还可以散发出香味，开花时节，当我们欣赏着那满树的流光溢彩时，缕缕清香随风扑鼻而来，仿佛在享受一场视觉和嗅觉的饕餮盛宴。这些白、红、黄颜色的小花，除了观赏之外，还可提取香精用于制造高级化妆品、香皂和食品添加剂等。在广东地区，白色的鸡蛋花常被晾干作凉茶饮料，即将蛋花从树上摘下用滚水浸泡，饮之清香、润滑，而晒干的鸡蛋花可泡成上好的茶。

图7-13　鸡蛋花

由于鸡蛋花是夹竹桃科植物，所以，无论是红色鸡蛋花树还是白色鸡蛋花树，全株茎干都含有乳汁，摘下叶子便会看到白色汁液流出。鸡蛋花的白色汁液是有毒的，但毒性不大，须注意的是，手部若有伤口，应尽量避免接触白色汁液。

鸡蛋花是阳性树种，喜欢高温、湿润和阳光充足的环境，但也能在半阴凉的环境中生长，只是在荫蔽环境下会出现枝条徒长、开花少或长叶不开花等现象；而黄色鸡蛋花在荫蔽湿润环境下，枝条上会长出气生根。鸡蛋花最适宜的生长温度为20～26℃，气温低于15℃，植株开始落叶休眠，直至来年4月左右。越冬期间长时间在低于8℃环境中易受冷害，冬季会落叶，这是其耐寒性差的表现。冬季掉光叶子的鸡蛋花树仅剩的枝干敦厚浑圆状似鹿角，光秃秃的树干弯曲自然似盆景，别有一番风味。

第八篇

分不清的它和它

一、栽桐引凤——中国梧桐与法国梧桐

庄子《秋水》曰："南方有鸟，其名为鹓雏（"鹓雏"是传说中凤凰的一种），子知之乎？夫鹓雏发于南海，而飞于北海，非梧桐不止……""种下梧桐树，引来金凤凰""凤凰非梧桐不栖"，因为和凤凰的联系，梧桐就成了高贵的象征。说起梧桐，大概很多人想起的是法国梧桐的形象，但古诗文中所说的梧桐树其实是指中国梧桐，原产自中国，尤以长江流域为多，故名"中国梧桐"，并不是许多北方城市常见的绿植——法国梧桐。因各种原因，真正的中国梧桐目前很少作为行道树出现在城市中，我们平常所见的大部分均为法国梧桐。那么究竟什么是中国梧桐，什么又是法国梧桐，它们俩有什么区别呢？

梧桐［拉丁学名：Firmiana simplex（Linnaeus）W. Wight］（图8-1），梧桐科梧桐属植物，别名青桐、中国梧桐等，落叶大乔木，高可达16米，树干无节，向上直升。"梧桐一叶落，天下皆知秋"，形象化地描述出梧桐是落叶乔木的特性。《花镜》中写道："梧桐，又叫青桐。皮青如翠，叶缺如花，妍雅华净。四月开花嫩黄，小如枣花。五六月结子，蒂长三寸许，五稜合成，子缀其上，多者五六，少者二三，大如黄豆。"清人陈淏子这本花草集形象化地描述了中国梧桐的特征。高大魁梧的中国梧桐树，仿佛高擎着翡翠般的碧绿巨伞，树皮平滑翠绿，从树干到枝，一片葱郁，显得那么青翠洁净，难怪人们又叫它"青桐"。"一株青玉立，千叶绿云委"这两句诗把中国梧桐的碧叶青干、桐荫婆娑的景趣表达得淋漓尽致。中国梧桐树身形像白杨树很直，木材不易变形、耐潮湿、易加工，历来为制木匣和乐器的良材（可用于制作古筝琴身），《诗经·国风·定之方中》记述的"树之榛栗，椅桐梓漆，爰伐琴瑟"阐述了中国梧桐这一特性。树叶浓密，叶掌状，如花一般裂开呈三角星状，秋天里，叶子变成淡黄色，很富诗意。夏季是它开花的季节，淡黄绿色的小花聚集成圆锥花序，盛开时显得鲜艳而明亮。果实是球状的实心果，直径4～5毫米，有一层薄薄的壳，可生吃，也可炒来吃，只有豌豆那么大，跟豌豆的味道也差不多，吃着非常香，时令季节时可采摘。

法国梧桐［学名：*Platanus × acerifolia*（Aiton）Willd.］既不是梧桐树，亦非产自法国，而是悬铃木科悬铃木属植物。法国梧桐树之所以被叫作悬铃木，大概是因为其所结的果实就像一个个铃铛挂在树梢上一样。悬铃木一属有 8 种，原产自北美洲、墨西哥、地中海地区和印度。悬铃木果序柄的果实有 1 个、2 个和 3 个以上果球的数量之别，所以名称也不同，分别叫作一球悬铃木（Platanus occidentalis，原产北美洲，俗称"美国梧桐"或"美桐"）、二球悬铃木（Platanus acerifolia，俗称"英国梧桐"或"英桐"）和三球悬铃木（Platanus orientalis，原产欧洲东南部、印度，俗称"法国梧桐"或"法桐"）。17 世纪，在英国的牛津，人们用一球悬铃木即美桐和三球悬铃木即法桐作亲本，杂交成二球悬铃木。这是三个不同的种，引入我国栽植的就是这三种，把它们统称为"法国梧桐"，我国最常见的被称为法国梧桐的其实是二球悬铃木（英国梧桐），是由一球悬铃木（美国梧桐）和三球悬铃木（法国梧桐）在英国研究出的杂交种。

为什么悬铃木叫"法国梧桐"呢？原来，悬铃木在欧洲广泛栽培后，约在 20 世纪一二十年代，主要由法国人把它带到上海，种植在霞飞路（今淮海中路一带）作为行道树，这种树木的叶子似梧桐树叶，而被大家误以为是梧桐。人们就叫它"法国梧桐"，人云亦云，法国梧桐名称由此而来。

法国梧桐进入中国的时间比较早，最早可以追溯到 1600 多年前。公元 401 年，印度高僧鸠摩罗什来中国传播佛教的时候，就随身携带着法国梧桐树苗进入中国，并将其栽培在西安附近的户县古庙前，当初的小树已长大，如今树干需要 4 人才能合抱，这是我国最早引进的法国梧桐。不过法国梧桐的盛行却是在最近一百多年里，后来蔓延到中国城市的大街小巷里面。

法国梧桐属于落叶大乔木，高可达 35 米，树形雄伟，树皮灰绿或灰白，片状脱落，剥落后呈粉绿色，光滑，颇具观赏价值。枝条开展，树冠广阔，且因叶子很大，几乎完全遮住了树冠上面的阳光，所以非常适合做人行道遮阴树，是世界著名的优良庭荫树和行道树，被称为"行道树之王"。法国梧桐适应性强，耐修剪，广泛应用于城市绿化，有的单棵种植于草坪或旷地上；有的成排种植于？走廊；两旁，非常壮观。由于它对各种有毒气体具有很强的抗性，并能吸收有害气体，因此非常适合作为社区和工厂的绿化树。

中国梧桐与法国梧桐尽管有相似之处，但毕竟是两个不同的物种，还是存

在以下明显的不同：法国梧桐的树干更粗，中国梧桐则比较细直；二者的叶子都是三角星状，但法国梧桐的要大一些；它们的花也是各具特色，中国梧桐的花朵圆锥花序顶生，长20～50厘米，下部分枝长达12厘米，四月开花嫩黄，小如枣花；法国梧桐的花朵头状花序球形，似果子而不像我们通常所见的花；另外它们的果实也不一样，法国梧桐的果实很小，球果下垂，通常两球一串，状如悬挂着的铃铛，不能吃但可入药，中国梧桐的果实可以生吃或炒着吃。

图 8-1　法国梧桐和梧桐

二、蜡梅、梅花、桃花和樱花

赏梅，是中国人千年不变的优雅情愫，"墙角数枝梅，凌寒独自开""遥知不是雪，为有暗香来。"古诗词中描述的凌霜傲雪的梅，其实是指蜡梅［学名：*Chimonanthus praecox*（L.）Link］，也称金梅、黄梅等，蜡梅不是梅花的一种，虽然蜡梅和梅花都是先开花后展叶，且开花期均在冬春季节，从名字、形态上都有相像的地方，但其实它们属于不同科属，蜡梅属于蜡梅科蜡梅属的植物，而梅花则为蔷薇科杏属。蜡梅的中国古名为蜡梅，因为颜色似蜜蜡且在腊月开花而得名，在李时珍的《本草纲目》上也有类似的说法："此物本非梅类，因其与梅同时，香又相近，色似蜜蜡，故得此名。"隆冬到来时，百花已绝迹，唯有蜡梅破，凌雪独自开，一朵朵蜡梅花，小巧玲珑、金黄可爱。蜡梅品种不多，以花色来分有素心、荤心两种。花瓣、花心、花蕊都为黄色，无杂色相混的叫素心种。外瓣为黄色，内瓣中心泛紫色，花色不纯的为荤心种。蜡梅的香气就如秋季的桂花香，持久浓郁，路过时会被这香气吸引，屏气呼吸，会感受到自然的芳香。蜡梅不仅是观赏花木，也是制高级花茶的香花之一，由它提炼而成的高级香料，在国际市场的售价相当于黄金价格的五倍。蜡梅的果子在成熟前是绿色的，成熟后变成灰褐色。蜡梅的果实药用名为：土巴豆，有毒，可以做泻药，不可误食。

蜡梅与梅花还是有明显的不同。花朵颜色不同：蜡梅以蜡黄为主，花萼一般为紫红色；而梅花有白、粉红、紫红等色。花萼呈红褐色，也有浅绿色或者绿色。花期不同：蜡梅开花期早于梅花2个月，多在农历腊月前后开放；梅花开于冬末初春季即12月至来年一二月期间。植物形态不同：蜡梅为灌木，枝丛生，且分枝均为直枝，树高仅可达2~4米；而梅花为乔木，有明显的主干，主干可长到4~10米。枝条大多有枝刺，除了直立生长的分枝外，还有部分垂枝、弯曲枝。叶不同：蜡梅叶片对生，形状为长椭圆形，上表面粗糙，呈绿色，背面光滑呈灰色；梅花为叶互生，呈现广卵形至卵形。香味不同：蜡梅的花香非常浓郁，梅花的香味是清淡的幽香，带一点甜味。

梅花与同家族（蔷薇科）的其他两个成员——桃花（蔷薇科桃属）和樱花（蔷薇科樱属）长相相近，常让人分不清，我们来辨一辨：梅花的花直接开在枝干上，开花时没长叶，花瓣较圆，整朵花圆圆的，闻起来有梅子香味；桃花也直接开在枝干上，与梅花不同的是开花时节为春季，即3~4月，花瓣末端稍尖，没有香味，花开的时候开始长叶；樱花开花时节也是春季，但以长花柄连于枝干上，花瓣顶端有个豁口，花一簇一簇的（图8-2）。

蜡梅

梅花（花瓣圆头）

桃花（花瓣稍尖）

樱花（花瓣顶端有缺口）

图8-2　蜡梅、梅花、桃花与樱花

三、蓝花楹、合欢树、南洋楹、凤凰木

蓝花楹、合欢树、南洋楹、凤凰木均为乔木，植株高大，树冠横展，树叶浓密而招风，如同为行人撑开一把巨大的绿伞，可很好地担任遮阴树的角色，常作为行道树或园林绿化树。它们的叶都是二回羽状复叶，所以在没有开花的时节，外形看起来很像，但是仔细观察还是能分清的。

1.科属不同

南洋楹［学名：*Falcataria falcata*（L.）Greuter & R. Rankin］（图8-3）又叫作仁人木、仁仁树，属于豆科南洋楹属的树木；与之同科不同属的合欢树（拉丁文学名：*Albizia julibrissin* Durazz）（图8-4）是合欢属；凤凰木［*Delonix regia*

（Boj.）Raf.］（图8-5）别名红花楹树、洋楹等，属于凤凰木属，取名于"叶如飞凰之羽，花若丹凤之冠"；蓝花楹（拉丁文学名：*Jacaranda mimosifolia* D. Don）（图8-6）与前三种不同，属于紫葳科蓝花楹属的树木。

2. 形态特征不同

（1）株高不同。

南洋楹树干笔直，树高最高能长到45米，胸径100厘米以上，树干通直，树皮呈灰青至灰褐色，不裂，小枝有棱，淡绿色，皮孔明显；凤凰木高可达20余米，胸径可达1米，树皮粗糙，灰褐色，树冠扁圆形，分枝多而展开，小枝常被短柔毛并有明显的皮孔；合欢树高可达16米，树皮灰褐色，小枝带棱角；蓝花楹树干能高达15米，自然状态下培育的要比南洋楹矮一些。

（2）叶子不同。

在秋冬季节容易区分常绿或落叶种类。南洋楹为常绿乔木，叶子四季都是绿色的，到了秋冬季节仍然是绿色，没有黄叶的现象。蓝花楹、凤凰木及合欢树均为落叶乔木，到了秋季叶子会发黄、掉落。

四者虽然都为二回羽状复叶，但是整个复叶的大小，羽片叶的形态及数目、小叶的排列、形态及数目还是有所区别。南洋楹的叶子尾端有点尖，比蓝花楹的叶稍钝点，总体是钝圆状的，且尖偏向一边，有羽片11～20对，上部常对生，下部有时互生，10～20对的小叶细小、对生、无柄，呈菱状矩椭圆形；合欢树羽片4～12对，栽培的有时达20对，小叶10～30对，形状呈现为镰刀状圆形，两侧极偏斜，长6～12毫米，宽1～4毫米，先端极尖，最显著的特点是小叶早晨展开，到了晚上会合上，这点非常的明显，能轻易区分出来；蓝花楹的叶子尾端要比南洋楹更尖一些，并且尖端是在正中间的位置。在蓝花楹的羽状叶子上还生长着一个小叶，其数量一般是奇数的，呈现出对生的状态，树干的颜色为褐色，生长出来的小叶子非常细小。

与前面三种不同的是凤凰木的叶子尾巴是圆的。凤凰木的叶子看起来比南洋楹更大，具15～20对生的羽片，羽状叶子上生长的小叶数目一般多为偶数，很少有奇数的情况，25对长圆形的小叶密集，小叶柄短，并且呈现出是互生状态。

（3）花期及花的形态和颜色不同。

南洋楹花期4～7月，花朵开始是白色的，之后变成黄色，花无梗，花萼呈

现为钟状。合欢树的花远看像一把把红色或粉红色的毛茸茸的小扇子，小扇子排列成有规则的像雨伞一般的花序，被称为伞房花序。

蓝花楹的花期在每年的5～6月。虽然花期短，但是花开茂盛艳丽，满屏都是深蓝色或青紫色的花朵，每个圆锥序花长可达20厘米，有花数十朵，花呈钟形，极为壮观，在树木丛中能形成像银河流星一样的梦幻感，是一种极具观赏价值的花卉。当遇到日照不充足、开花前期连续阴雨天气，或在寒冷的冬季没有养护好，温度过低，没有做好防冻措施，蓝花楹开花都会受到影响。

图8-3　南洋楹

图8-4　合欢树

图8-5　凤凰木

图8-6　蓝花楹

凤凰木的花一年可以开两次，第一季的花期是5～7月，时间较长；第二季的花期在9月，花期短。凤凰树的花盛开时，树冠上像铺上了一层红色，灿烂夺目，如一树美丽的红蝴蝶，红彤彤一片，格外好看。我国南方很多校园内遍植凤凰木，每逢花开，便是学生们相逢和离别之时，便有毕业季的学生感慨："若凤凰花不开，我们是否可以不走?"

3. 果实不同

南洋楹、凤凰木、合欢树都为豆科，它们的果实都是荚果，当形成果实时，果实的形状为长条形，凤凰木的荚果看起来比较的扁而长，带形荚果扁平，长30～60厘米，宽3.5～5厘米，稍弯曲，从绿色逐渐变为暗红褐色，成熟时则为黑褐色荚果，并且木质化程度较厚，每条荚果里有种子20～40粒。合欢树的荚果是长椭圆形，平滑，先端锐尖，长约15厘米，内含种子8～12粒。南洋楹的荚果与凤凰木相比像是更为饱满而狭窄的豆荚，边缘较厚，长10～13厘米，宽1.4～2厘米，熟时开裂，每荚内有种子10～20粒不等。蓝花楹的果实形状大多为圆球形的，从远处看起来圆润可爱，表面呈现出木质化且外壳较光滑，长6～7厘米，宽4～5厘米，厚1.5～2厘米，每个果实含50～80粒种子。

四、旅人蕉和天堂鸟

旅人蕉 (图8-7) 和天堂鸟 (又名鹤望兰) (图8-8) 都是旅人蕉科植物，有很近的亲缘关系，两者均是多年生草本植物，叶大，看起来像芭蕉，它们的花形态长得极其相似，都有佛焰苞托着3～5朵小花，但是两者从种属、形态等方面还是有明显的区别。

图8-7　旅人蕉

图8-8　天堂鸟

1. 种属不同

旅人蕉 (学名: *Ravenala madagascariensis* Sonn.) 别名扇芭蕉, 为鹤望兰科旅人蕉属, 旅人蕉有贮水能力。而鹤望兰 (学名: *Strelitzia reginae* Aiton) 别名天堂鸟, 虽然同属于鹤望兰科, 但是植物属性划分在鹤望兰属里。所以可以理解为两者是同一个大的植物类别中的两个不同分支。

2. 形态区别

旅人蕉的叶片生长与环境相适应, 幼时若生长环境光照比较少, 它们的叶片就会呈螺旋形排列, 直到长得比较高, 能接收到较多的光照, 它们的叶片就会长成一个非常平整的扇形; 但在阳光充足的环境下, 它们的幼苗叶子就会长成平整的扇形。长大后, 旅人蕉高大挺拔, 树干可高达5~30米, 看起来像一棵树, 实际上是多年生草本植物。旅人蕉叶片非常大, 左右对称均匀地排列在两侧, 像一把摊开的超大号绿纸折扇, 又像一只正在开屏炫耀自我的孔雀, 极具热带自然风情。旅人蕉花小, 5~12朵形成花序, 外有佛焰苞, 每朵花的3枚白色花瓣几乎与花萼片相似, 从色彩方面远不如天堂鸟艳丽。它的果实形状像香蕉。

天堂鸟长不到5~30米那么高, 在开花时, 花朵鲜艳美丽, 独特的佛焰苞舟状显眼突出, 形状很别致, 远看很像一只只高高昂起脖子的鹤鸟, 很具观赏价值, 多作为插花或盆栽观赏。

3. 价值区别

相传旅人蕉在炎热干燥的沙漠中, 不仅能遮挡烈日强光, 还是个天然的饮水站。因为旅人蕉的每个叶柄底部都有一个类似大汤匙的"贮水器", 可以储存几公斤的水, 只要在这个位置上划开一个小口子, 就像打开了水龙头, 清凉甘甜的水就会立刻涌出, 供人们解渴消暑; 这个"水龙头"拧开后又会自动关闭, 一天后又可为旅行者提供饮水。因此, 人们又称旅人蕉为"旅行家树""水树""沙漠甘泉""救命之树"等。其实旅人蕉一般会生长在沼泽地的旁边, 并不是生长在荒漠里, 原产地是非洲的马达加斯加, 它植株底部的一些叶子上确实会有一个兜, 里面会储存水分, 但是它的茎叶里并不会储存太多的水分。

鹤望兰的花形花色独特、美观, 花期在冬季且可达100天左右, 每朵花可开13~15天, 一朵花谢, 另一朵相继而开, 可丛植于院角, 用于庭院造景和花坛、花境的点缀。

五、巴旦木仁与杏仁

凡·高的一幅名为《开花的杏树》的画中的树其实是巴旦木，其种树果实的仁就是大名鼎鼎的坚果——巴旦木仁，又称美国大杏仁。巴旦木在植物学上的中文正式名叫扁桃〔学名：*Prunus dulcis*（Mill.）D. A. Webb〕（图8-9），属于蔷薇科李属植物，实际上与桃的关系更近。杏（拉丁文学名：*Prunus armeniaca* L.）（图8-10）也是蔷薇科李属植物，但这是两种不同的植物。

巴旦木原产于亚洲西部，其果仁味道甘美，大概在唐代，这种美味的坚果传入我国，唐代文献《酉阳杂俎》记载："核中仁甘甜，西域诸国并珍之。"南宋时，巴旦木仁已是茶坊酒肆中常见的小食。当时这种果树在我国北方已有种植，但美国加州地区是全球巴旦木仁的主要产区，今天国内市场上的巴旦木仁多从美国进口，所以才被称为"美国大杏仁"，因这个名字与中国本土杏仁相混淆，因此从那几年起，"美国大杏仁"更名为巴旦木或扁桃仁。巴旦木的果实呈扁而长，好似椭圆的形状，果壳很薄，用指甲盖就能抠开。

杏仁果为扁平卵形，一端圆，另一端尖；杏仁果实比巴旦木果实小很多；果壳较硬不易剥开。杏仁果分为苦杏仁（北杏仁）和甜杏仁（南杏仁）两种，它们都有一定的药用价值，但是苦杏仁有毒，一般用作药材，成人吃40～60粒，小孩吃10～20粒，就有中毒的危险，所以一般来说苦杏仁不做日常食用而是用来做药或者是制作杏仁露，此时的杏仁露已经做去毒处理。

图8-9　巴旦木仁

图8-10　杏及其杏仁

　　巴旦木在春寒料峭的早春时节就能开花，是春天最早开花的果树之一。杏花与巴旦木花有哪些差别呢？巴旦木花（图8-11）的花瓣带点菱形，花萼为绿色且在开花后不会反折，凡·高的画也清晰地描绘了这一特点；而杏花（图8-12）有明显香气，花瓣圆乎乎的，花萼呈红色且在开花后向后反折。

图8-11　巴旦木花

图8-12　杏花

参考文献

[1] 陈光，吴赞敏. 植物染料在儿童用品面料中的发展概况 [J]. 济南纺织化纤科技，2009(4):4.

[2] 黄宝康文 / 摄影. 五彩的世界——话说植物与染色 [J]. 生命世界，2008 (9):000.

[3] 李鼎新，艾艳丰. 旅游资源学 [M]. 北京：科学出版社，2004.

[4] 刘艳华，刘海涛. 向日葵朝阳的秘密 [J]. 物理教学探讨：中学教学教研版，2006,24(5):1.

[5] 黄勇. 奇异植物：大自然的无穷奥秘 [M]. 南宁：广西美术出版社，2013.

[6] 方舟子. 向日葵究竟向不向日 [J]. 科学世界，2004.

[7] 周永红，丁春邦. 普通生物学 [M]. 2 版. 北京：高等教育出版社，2018

[8] 周云龙. 植物生物学 [M]. 2 版. 北京：高等教育出版社，2004

[9] 任丽珍. 植物也有血型 [J]. 初中生：b，2009(12):62.

[10] 陈功富. 宇宙之谜新探 [M]. 长春：吉林人民出版社，2000.

[11] 王艳，王海. 农作物栽培与管理 [M]. 北京：九州出版社，2017.

[12] 丛书编委会. 世界奇闻大全集 超值典藏书系 [M]. 长春：吉林出版集团有限责任公司，2012.

[13] 张蕾. 新老红木家具差异大 [N]. 中国质量报，2001-01-09(5).

[14]《新编十万个为什么》编委会. 新编十万个为什么 自然卷. [M]. 北京：中国物资出版社，1998.

[15] 彭文. "南京花"：最古老的花 [J]. 百科知识，2019(3):1.

[16] 陈国斌，戴红，李伏庆. 福建省三都湾赤潮监控区福宁湾浮游植物的生态 [J]. 台湾海峡，2004(4):17.

[17] 王一行. 植物界的"左撇子"——金银花 [J]. 天天爱科学，2019(7):4.

[18] 鲍文文. 一种无公害蕨菜的高产量培育方法: CN201710878889.7[P]. CN107484532A[2023-10-18].

[19] 学习强国: 赵婷婷, 张凡. 猕猴桃不仅五颜六色, 还有麻辣味的 [EB/OL]. (2021-09-22). [引用日期: 2022-5-20]. https://article.xuexi.cn/

[20] 李新纯. 化石真相 [M]. 长春: 东北师范大学出版社, 2012.

[21] 吴晓静. 神奇的动植物世界 最新修订图文版 [M]. 北京: 中国戏剧出版社, 2004.

[22] 杨晓红, 王春华. 奥妙植物学 [M]. 重庆: 西南师范大学出版社, 2007.

[23] 《科普世界》编委. 奇异的植物世界 [M]. 呼和浩特: 内蒙古科学技术出版社, 2016

[24] 陈晓丹. 植物世界. 2[M]. 北京: 中国戏剧出版社, 2009.

[25] 张薇, 姜卫兵, 魏家星. 我国特有树种珙桐的开发利用 [J]. 黑龙江农业科学, 2015(7):5.

[26] 曾联盟. 桫椤: 孑遗世上的木本蕨类植物 [J]. 森林与人类, 2003, 23(3):2.

[27] 汤箬梅. 一种水生景观植物的景观生态浮台结构 [D]. 南京: 南京林业大学, 2019.

[28] 张宫元. 中学百科全书: 生物卷 [M]. 北京: 北京师范大学出版社, 1994.

[29] 学习强国: 陈旭. 每日物种故事 | 梵净山冷杉: 跨越时空的 "隐士") [EB/OL].(2022-08-29). [引用日期: 2022-08-29]. https://article.xuexi.cn/articles/

[30] 李欣.不起眼的它们, 竟是植物界第二大家族（上）[N]. 中国花卉报, 2021-08-26(003).

[31] 李欣.不起眼的它们, 竟是植物界第二大家族（下）[N]. 中国花卉报, 2021-09-02(003).

[32] 冯克诚. 小学科学实验仪器手册 [M]. 北京: 人民武警出版社, 2011.

[33] 陈斌. 植物界的 "新冠" 和 "流调" [J]. 科学之友, 2021(10):3.

[34] 王强. 探秘地球之巅的植物精灵 [J]. 知识就是力量, 2022,5:8-11.

[35] 张晓天. 植物界的顶级 "骗子" ——兰花 [J]. 初中生必读, 2017(7):42-43.

[36] 史军. 兰花美人攻心计 [J]. 科学与文化, 2012(1):1.

[37] 折耳根. 植物界的 "卖萌高手" [J]. 科学之友（上半月）, 2021(2):5.

[38] 张长英. 植物界的"环保卫士" [J]. 科学启蒙, 2019,7:3.

[39] 寇超. 植物界的"伪装高手" [J]. 农村青少年科学探究, 2018,6:1

[40] 王春华. 植物的抗旱本领 [J]. 内蒙古林业, 2013,000(006):46.

[41] 书芸. 植物界的"小强" [J]. 红领巾 (萌芽), 2020,4:42-43.

[42] 蔡明乾. 武汉市加拿大一枝黄花发生现状及治理对策 [J]. 湖北林业科技, 2007(4):59-61.

[43] 佚名. 寄生植物菟丝子在不同寄主间传递系统性信号 [J]. 科学中国人, 2017,10Z:1.

[44] 古旭. 会"行走"的植物 [J]. 北京农业科学, 1985(1):25.

[45] 武世明. 尚未揭开的科学奇闻 [M]. 北京：西苑出版社, 2011.

[46] 雅瑟, 洪洁. 可怕的科学大全集 超值金版 [M]. 北京：新世界出版社, 2011.

[47] 佚名. 植物界的耐旱奇才——九死还魂草 [J]. 少儿科学周刊：少年版, 2018(2):2.

[48] 余鸿秀. 菠萝蜜栽培技术 [J]. 现代农业科技, 2008,000(014):52-53.

[49] 班云学. 嘉宝果栽培管理技术 [J]. 绿色科技, 2018(11):2.

[50] 邓淑玲, 张盛钟, 郑建英, 等. 嘉宝果优树选择程序及方法 [J]. 现代农业科技, 2021(13):3.

[51] 罗婧洋. 植物界的"射击手" [J]. 阅读, 2019(59):4.

[52] 小匣子. 邂逅美丽海岛塞舌尔 [J]. 光彩, 2012(8):3.

[53] 华业. 植物科学故事总动员 [M]. 北京：石油工业出版社, 2011.

[54] 罗婧洋. 植物也"吃肉" [J]. 阅读, 2019(11):26-29.

[55] 王雨. 土瓶草 [J]. 中国花卉盆景, 2005(6):37

[56] 新华. 西红柿, 土豆是"食肉"植物 [J]. 山西老年, 2010(5):21-22.

[57] 海涛. 植物界的隐形杀手 [J]. 阅读, 2018(ZD):4.

[58] 李学涛. 新版中国少年儿童百科全书. 宁宙星空·地球大观·植物王国 [M]. 北京：北京教育出版社, 2012.

[59] 汪劲武. 竹子身世探源 [J]. 生命世界, 2008(5):2.

[60] 关传友. 论海棠的栽培历史与文化意蕴 [J]. 古今农业, 2008(12):16.

[61] 但新球, 但维宇. 湿地生态文化 [M]. 北京：中国林业出版社, 2014.

[62] 李土荣，邓旭，武丽琼，等. 鸡蛋花的引种及繁育技术 [J]. 林业科技开发，2010,24(2):106-108.

[63] 长风，黄建民. 植物大观 [M]. 南京：江苏少年儿童出版社，2001.

[64] 尚磊. 自备"贮水器"的植物 [J]. 青年科学，2009(7):1.